→ Abschlussprüfung
Mathematik

Sekundarstufe I
Brandenburg

VOLK UND WISSEN

Autoren: Jutta Lorenz (Bad Doberan), Manuela Rohde (Fürstenwalde), Marion Roscher (Kösterbeck),
Hans-Ulrich Rübesamen (Cottbus), Andrea Stolpe (Müncheberg), Christian Theuner (Cottbus)

Redaktion: Berit Kroschel
Lösungen: Torsten Gebauer

Layout: Bärbel Simon
Technische Umsetzung: Ralf Franz, Stürtz GmbH Berlin

Die Internetadressen und -dateien, die in diesem Lehrwerk angegeben sind,
wurden vor Drucklegung geprüft (Stand: Dezember 2005).
Der Verlag übernimmt keine Gewähr für die Aktualität und den Inhalt dieser Adressen und
Dateien oder solcher, die mit ihnen verlinkt sind.

www.cornelsen.de
www.vwv.de

1. Auflage, 4. Druck 2006

© 2004 Cornelsen Verlag, Berlin

Druck: CS-Druck CornelsenStürtz, Berlin

ISBN-13: 978-3-464-55092-2
ISBN-10:   3-464-55092-3

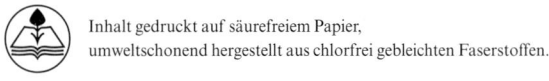 Inhalt gedruckt auf säurefreiem Papier,
umweltschonend hergestellt aus chlorfrei gebleichten Faserstoffen.

Wie hilft das Heft bei der Prüfungsvorbereitung?

Ein Sportler wird ohne Training kaum bei einem Wettkampf erfolgreich sein. Er wird deshalb zuvor vor allem das üben, was für seine Sportart und den bevorstehenden Wettkampf wichtig ist. Für den Erfolg wird er sich über einen längeren Zeitraum kontinuierlich vorbereiten.
Die Mathematikprüfung am Ende der Jahrgangsstufe 10 ist vergleichbar mit einer Landesmeisterschaft im Sport.
Das vorliegende Heft soll mit seinen vielseitigen Aufgaben ein Trainer dafür sein.

Prüfungsvorbereitung heißt: Es sind bereits behandelte Inhalte, Methoden und Ähnliches zu wiederholen.
Das vorliegende Heft unterstützt dies, in dem es vielfältige einfache und komplexere Übungsaufgaben zu jedem wesentlichen Schwerpunkt der Prüfungsvorbereitung anbietet in Verbindung mit konkreten Anregungen zum Arbeiten mit dem Tafelwerk (der Formelsammlung) und auch dem Taschenrechner.

Das Tafelwerk wird gezielt mit zur Reaktivierung von Wissen und Können einbezogen. Es gibt einerseits demzufolge im Heft keine „neuen" Erarbeitungsangebote und Ähnliches, andererseits hat sich in der Praxis oft gezeigt, dass derartige kurze Zusammenstellungen Schülerinnen und Schülern nicht helfen, ihre Probleme zu überwinden, sondern bei für sie neuartigen Darstellungsansätzen, Lösungswegen, … Verwirrung stiften und Hilflosigkeit erzeugen.
Im Unterricht bereits verwendete Materialien sollten auch deshalb bei der Prüfungsvorbereitung genutzt werden.

Zum ausgiebigen Nacharbeiten enthält jeder Schwerpunkt einen Hinweis auf die entsprechenden Seiten im Nachschlagewerk „Mathematik in Übersichten".
Zwei Beispielseiten aus diesem Buch befinden sich hinten auf dem Umschlag.

Vorrangig prüfungsrelevante Themenfelder sind im Land Brandenburg die verbindlichen Inhalte der Jahrgangsstufen 9 und 10, diese umfassen:
- Funktionen und ihre Anwendungen
- Quadratische Funktionen und quadratische Gleichungen
- Potenzen, Wurzeln, …
- Beziehungen in Ebene und Raum
- Körper
- Daten
- Zufall

Darüber hinaus werden aber auch Inhalte vorangegangener Jahrgangsstufen in Prüfungsaufgaben aufgegriffen, z. B. aus der Prozentrechnung.
Es wurden deshalb zusätzlich drei Themenschwerpunkte ins Heft aufgenommen, die auf den ersten Blick nicht direkt mit der obigen Aufzählung in Verbindung stehen, jedoch für die Bearbeitung prüfungstypischer Teilaufgaben von Bedeutung sein können.

Die Aufgaben zur Prüfungsvorbereitung sind so zusammengestellt worden, dass es günstig, aber nicht zwingend notwendig ist, sie der Reihe nach durchzuarbeiten.
Es wird jeweils Grundlegendes aufgezeigt und im Anschluss daran werden nach dem Schwierigkeitsgrad sortierte komplexere Übungsaufgaben angeboten.
Der Trainingsplan am Ende des Heftes hilft bei der individuellen Organisation der Prüfungsvorbereitung.

Die vom Ministerium für Bildung, Jugend und Sport bereits herausgegebenen Prüfungsaufgaben wiesen relativ geringe Unterschiede entsprechend der Schulform bzw. des Kurses auf. Es gab je Prüfungsdurchgang „eine" Prüfung in vier Niveaus.
Diese Niveaus wurden bei der Abfolge der komplexeren Aufgaben berücksichtigt.

Die Übungsaufgaben sind jeweils einem thematischen Schwerpunkt zugeordnet worden. Wie auch in zahlreichen Prüfungsaufgaben gehen Teilaufgaben über den jeweiligen Schwerpunkt hinaus.
Es ist zu beachten, dass die Abbildungen, wenn nichts anderes vermerkt ist, nicht maßstabsgetreu sind.

Die Multiple-Choice-Tests zu den Grundfertigkeiten dienen vorrangig einerseits der Einstimmung in einen thematischen Schwerpunkt und andererseits der Beurteilung wie gut die individuellen Voraussetzungen zur Bearbeitung komplexerer Aufgaben sind.
Es ist, wie gewohnt, in den Kästchen anzukreuzen.
Eine Aufgabe gilt nur dann als richtig gelöst, wenn alle richtigen Lösungen markiert wurden.

Das beiliegende Lösungsheft ermöglicht eine rasche Kontrolle der Ergebnisse bei allen Aufgaben und die Beurteilung des derzeitigen Leistungsstandes.
Natürlich kann es auch als Hilfe beim Bearbeiten von Aufgaben eingesetzt werden.

Prüfungsaufgaben und dazugehörige Lösungen stehen im Internet unter www.cornelsen.de/abschlusspruefung-mathe. Diese können als Probeprüfungen zum Abschluss der Prüfungsvorbereitung genutzt werden.
Aktuelle Informationen zu den Prüfungen am Ende der Jahrgangsstufe 10 sind auch im Internet unter www.bildung-brandenburg.de abrufbar.

Was hilft bei der Prüfungsvorbereitung? Und in der Prüfung?

Alle Übungsaufgaben sollten von Anfang an mit dem in der Schule verwendeten Tafelwerk (der Formelsammlung) und dem Taschenrechner bearbeitet werden. Weitere Materialien und Hilfsmittel sollten ebenfalls den in der Prüfung verwendeten entsprechen. Dies gibt Sicherheit und spart Zeit in der Prüfung.

Checkliste der Materialien zur Prüfungsvorbereitung

☐ Taschenrechner (nicht programmierbar, nicht grafikfähig)
☐ Tafelwerk (die in der Schule verwendete Formelsammlung)
☐ Duden (Auch die Rechtschreibung muss stimmen.)
☐ Zeichengeräte (Geodreieck, Kurvenschablonen, Zirkel, ...)
☐ Schreibzeug
☐ kariertes und weißes Papier sowie Millimeterpapier

Diese Materialien können auch in der Prüfung benutzt werden.

☐ eigene Aufzeichnungen bzw. Lehrbücher und
☐ Mathematik in Übersichten (zum Nacharbeiten)

Diese Materialien dürfen natürlich in der Prüfung nicht verwendet werden.

Ein frühzeitiger Beginn der Prüfungsvorbereitung bringt mehr Erfolg als große Brocken auf einmal bewältigen zu wollen. Der Terminplaner auf Seite 40 hilft bei der Zeiteinteilung.
Mehr Spaß macht die Prüfungsvorbereitung, wenn man mit einem Freund oder einer Freundin zusammen arbeitet und sich gegenseitig hilft. Oft ist man dadurch auch erfolgreicher.

Fünf Hinweise zur Verwendung des Tafelwerks und des Taschenrechners

- Verschaffe dir zunächst einen Überblick über den Aufbau des Tafelwerks, wenn du damit bisher kaum gearbeitet hast. Suche dazu zu jedem der 11 Schwerpunkte die passenden Seiten im Tafelwerk.
- Schlage während der Prüfungsvorbereitung möglichst Formeln nur in dem in der Schule verwendeten Tafelwerk nach. Merke dir, an welchen Stellen wichtige Formeln zu finden sind.

- Verwende möglichst bei der Prüfungsvorbereitung und in der Prüfung nur den Taschenrechner, den du bisher im Mathematikunterricht genutzt hast.
- Nutze den Speicher, um Eingabefehler und Rundungsfehler zu vermeiden. Dies spart auch Zeit.
- Überschlage jedes Ergebnis im Kopf.

Fünf Tipps zur Bearbeitung der Text- und Sachaufgaben

- Lies den Text in Ruhe, bevor du mit der Bearbeitung der Aufgabe beginnst.
- Zeichne Skizzen. Diese sind besonders hilfreich, wenn du auf Schwierigkeiten stößt. Markiere farbig die gegebenen und gesuchten Angaben.
  Bei zahlreichen Aufgaben sieht man so schnell den vorher verzweifelt gesuchten Lösungsansatz.
  Ein „Schmierzettel" hat sich bei der Suche nach dem Ansatz oft bewährt.
- Schreibe bei den Rechnungen die Einheiten mit auf. So kannst du Flüchtigkeitsfehler vermeiden und später gegebenenfalls schneller deinen Lösungsweg nachvollziehen und Fehler finden.
  Führe jeweils einen Überschlag durch.

- Überprüfe, ob die Ergebnisse deiner Rechnungen zu den Aufgaben und Aufgabenstellungen passen. Überdenke, ob sie praktisch bzw. innermathematisch sinnvoll sind.
  Schreibe gegebenenfalls einen kurzen Kommentar.
- Notiere die Lösungswege so, wie es im Mathematikunterricht in der Regel geübt wurde.
  Diese Form wird in der Abschlussprüfung (wie auch in den Klassenarbeiten) von dir erwartet.

Prozentangaben werden häufig genutzt um Verteilungen oder Anteile anzugeben. Kenntnisse zur Prozentrechnung sind dadurch in vielen Zusammenhängen anzuwenden. Zahlreiche dieser Aufgaben lassen sich schnell mithilfe der Grundgleichung der Prozentrechnung bzw. der Zinsrechnung aus dem Tafelwerk und des Taschenrechners lösen.

Teste deine Grundfertigkeiten

1. Notiere die entsprechenden Brüche.
   Nutze gegebenenfalls das Tafelwerk.

   A 1 % = ——————   B 100 % = ——————

   C 20 % = ——————   D 75 % = ——————

2. In welchen Abbildungen sind 25 % blau gekennzeichnet?

   A 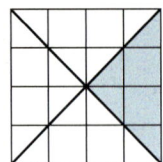   B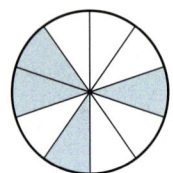

   C 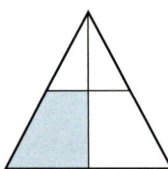   D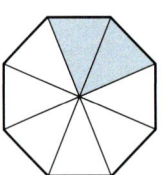

3. Notiere die Grundgleichung der Prozentrechnung.
   Nutze gegebenenfalls das Tafelwerk.

   _____

   Welche der folgenden Angaben kann man damit bestimmen?

   A Prozentwerte   B Grundwerte
   C Prozentsätze   D Zinseszinsen

4. Wie viel Prozent sind 35 kg von 700 kg?

   A 0,5 %   B 5 kg
   C 5 %   D 50 %

5. Welche Ausdrücke passen zur Antwort: 75 m?

   A 5 % von 1500 m   B 20 % von 375 m

   C $\frac{1}{5}$ von 300 m   D 120 % sind 90 m

6. Von 125 Kugellagern wurden bei einer Qualitätskontrolle 7 Lager beanstandet.
   Berechne den Ausschuss in Prozent.

   A 0,056 %   B 0,56 %
   C 5,600 %   D 56 %

7. Für ein Kapital von 1250 € erhält Ines nach einem Jahr 87,50 € Zinsen.
   Wie hoch ist der Zinssatz?

   A 3,5 %   B 1,7 %
   C 7 %   D 0,7 %

8. Bei einem Ausverkauf werden alle Preise um 15 % gesenkt. Wie teuer war eine Hose, für die man jetzt nur noch 46,75 € bezahlen muss?

   A 39,74 €   B 61,75 €
   C 53,76 €   D 55,00 €

9. Konrad hatte eine Sondermünze für 5 € gekauft.
   Nach einem Jahr hat er sie für 12 € an einen Sammler verkauft. Wie hoch war sein prozentualer Gewinn?

   A 140 %   B 240 %
   C 41,6 %   D 71,4 %

10. Die Kantenlänge eines Würfels wird verdoppelt.
    Auf das Wievielfache vergrößert sich sein Volumen?

    A 200 %   B 400 %
    C 600 %   D 800 %

11. Welche der blau angegebenen Ergebnisse sind richtig?

	Kapital	Zinssatz	Anlagezeit	Zinsen
A	2880,00 €	5 % p. a.	50 Tage	20,00 €
B	160,00 €	1,8 % p. a.	3 Monate	7,20 €
C	576,00 €	1,5 % p. a.	3 Jahre	25,92 €
D	495,75 €	2 % p. a.	9 Monate	7,44 €

9 bis 11 Aufgaben sind richtig. Deine Grundfertigkeiten sind gut.
7 bis 8 Aufgaben sind richtig. Deine Grundfertigkeiten sind befriedigend.
Weniger als 7 Aufgaben sind richtig. Deine Grundfertigkeiten sind noch nicht ausreichend.

Literaturhinweis: Mathematik in Übersichten S. 65 ff. und S. 71 ff.

Trainiere an komplexeren Aufgaben

Aufgabe 1

Der Preis einer Packung neuer CD-Rohlinge wurde von 7,50 € auf 7,75 € erhöht.
Bei Abnahme von 20 Packungen erhält man einen Rabatt von 3,5 %.

a) Um wie viel Prozent wurde der Preis einer Packung erhöht?
b) Wie viel Euro Rabatt erhält der Kunde beim Kauf von 20 Packungen?

c) Um wie viel Prozent hat sich der Preis für 20 Packungen neuer CD-Rohlinge insgesamt verändert?
Berücksichtige bei der Berechnung auch den neu eingeführten Mengenrabatt.

Aufgabe 2

Der Familienbetrieb Janke plant die Anschaffung eines Autos im Wert von 12 000,00 €.
Dieses Auto wird für drei Jahre benötigt. Es stehen für diesen Zeitraum vier Finanzierungsmodelle zur Wahl.
Wie viel Euro würde das Auto den Familienbetrieb insgesamt jeweils am Ende der drei Jahre gekostet haben?
Berücksichtige sowohl den Kaufpreis als auch den angestrebten Wiederverkaufspreis.

a) Angebot A:
Kreditkauf mit einer Anzahlung von 30 % des Kaufpreises, 36 Raten zu je 270,00 € und ein nach 3 Jahren vereinbarter Wiederverkauf für 5500,00 €
b) Angebot B:
Barkauf mit 2 % Skonto und ein nach 3 Jahren angestrebter Wiederverkauf für 5500,00 €

c) Angebot C:
Leasing für 3 Jahre mit Zahlung von 40 % des Kaufpreises und 36 Zahlungen zu je 110,00 €
d) Familie Janke möchte aufgrund finanzieller Engpässe im ersten Jahr möglichst wenig Geld für das Auto ausgeben.
Welches Angebot ist dann empfehlenswert?

Aufgabe 3

Drei Reisebüros hatten zu Beginn der Saison ein und dieselbe Reise zum gleichen Preis im Angebot. Diese kostete zunächst 1000 €.
Das Reisebüro „Sunfly" senkte den Preis der Flugreise zu Saisonende erst um 2 %, dann noch einmal zur Nachsaison um 8 %. Das Reisebüro „Urlaub + Reisen" ließ erst den Preis um 4 % und dann noch einmal um 6 % fallen. Bei „City-Reisen" wurde zweimal um 5 % gesenkt.

a) Vergleiche die Preisangebote der drei Reisebüros nach der zweiten Preissenkung.
b) Eine weitere Reise wird bei „Urlaub + Reisen" als „Last Minute"- Reise von 1240 € auf nur noch 830,00 € gesenkt.
Wie viel Prozent Preisnachlass werden hier gewährt?

c) Es wurde für zwei Personen bei „Sunfly" zu unterschiedlichen Zeiten diese Flugreise gebucht.
Berechne alle möglichen Preisdifferenzen.
d) Veranschauliche die Preisentwicklung bei „Sunfly" in einem Streifendiagramm.

Aufgabe 4

Herr Graubert möchte eine TV-Einrichtung mit LCD-Fernseher und Heimkino-System zum Preis von 5800 Euro mit 15 % Rabatt kaufen. Da Herr Graubert zur Zeit nicht genügend Bargeld besitzt, überzieht er sein Girokonto mit einem Dispositionskredit für 20 Tage um 4320 Euro.
Die Bank verlangt für den Dispositionskredit 18 % Zinsen pro Jahr.

a) Wie hoch sind die Überziehungszinsen?
b) Wie viel Euro spart Herr Graubert durch den gewährten Rabatt?

c) Berechne, wie viel Prozent des Verkaufspreises er insgesamt spart.

Zahlreiche Sachverhalte lassen sich mithilfe von Termen, Gleichungen und Ungleichungen ausdrücken. Beim Lösen von fast jeder Mathematikaufgabe wird bewusst oder unbewusst damit gearbeitet. Wiederhole deshalb bewusst die Regeln für Termumformungen und die äquivalenten Umformungen für das Lösen von Gleichungen.

Teste deine Grundfertigkeiten

1. Berechne den Wert des folgenden Terms:
$\frac{4,8}{6 \cdot 2,2} - 1,2$.
Runde das Ergebnis auf Hundertstel.

   A 0,56   B $-0,84$
   C 0,83   D $-0,83$

2. Welchen Wert nimmt der folgende Term:
$\frac{(a + b) \cdot \sqrt{c}}{a \cdot (b + c)}$
für $a = 3,75$; $b = -5$ und $c = 4,89$ an?

   A 19,51   B $-15,05$
   C 6,70   D $-6,80$

3. Welche der folgenden Ausdrücke kann man zur Bestimmung des Umfanges u einer Seite dieses Heftes nutzen?

   A $u = 2(a + b)$ B $u = a + a + b + b$
   C $u = 2 \cdot 21 + 2 \cdot 29,7$ D $u = 21 \cdot 29,7$

4. Welches sind gleichwertige Terme zum Ausdruck: Die Differenz der Quadrate der Zahlen a und b?

   A $(a - b)^2$ B $(a - b)(a + b)$
   C $a^2 : b^2$ D $a^2 - b^2$

5. Notiere die binomischen Formeln. Nutze gegebenenfalls das Tafelwerk.

   (1)

   (2) _____

   (3) _____

6. Welche Vereinfachungen sind richtig?

   A $\frac{8}{7}b + \frac{5}{7} - \frac{8}{7}$ B $\frac{6a - 81}{3}$
   $= \frac{5}{7}$ $= 2a - 27$

   C $e + ef - 8e$ D $-9(3 + x)$
   $= ef - 7e$ $= -27 - 9x$

7. Welche Umformungen sind richtig?

   A $14(a + 14)$ B $-7x(x - 14)$
   $= 14a + 196$ $= -7x^2 - 98x$

   C $6b^2 + 18b$ D $z^2 - 6z + 9$
   $= 6b(1 + 3)$ $= (z - 3)^2$

8. Stelle die Gleichung: $u = 2(a + b)$ nach b um.

   A $b = 2u - a$ B $b = \frac{u}{2a}$
   C $b = (u - 2a) : 2$ D $b = 2 \cdot a - u$

9. Welche der Gleichungen wurden äquivalent umgeformt?

   A $2x - 4 = x + 2$ B $x - 7 = 3x + 2$
   $3x - 4 = 2$ $2x = -9$

   C $\frac{2a}{b} = \frac{c}{4}$ D $(6z + 5)^2 = \frac{72}{2}z^2$
   $c = \frac{8a}{b}$ $12z = 25$

10. Welche der gegebenen reellen Zahlen sind Lösung der folgenden Gleichung? Führe jeweils mithilfe des Taschenrechners die Probe durch.
$5x - x(2 - x) = x^2 - 2x - 10$

   A $x = 2$ B $x = 0,8$
   C $x = -2$ D $x = 0,2$

11. Welche der folgenden Ungleichungen sind zu: $-3x < 21$ äquivalent?

   A $3x < -21$ B $3x > -21$
   C $x > -7$ D $x < -7$

12. Gib alle natürlichen Zahlen an, die Lösungen der folgenden Ungleichung sind:
$24(2 - 3x) > 8(3 - 2x) + 8$.

   A $L = \mathbb{N}$ B $L = \{\}$
   C $L = \{0\}$ D $L = \{-1; 0\}$

---

10 bis 12 Aufgaben sind richtig. Deine Grundfertigkeiten sind gut.
7 bis 9 Aufgaben sind richtig. Deine Grundfertigkeiten sind befriedigend.
Weniger als 7 Aufgaben sind richtig. Deine Grundfertigkeiten sind noch nicht ausreichend.

Literaturhinweis: Mathematik in Übersichten S. 39 ff. und S. 50 ff.

Trainiere an komplexeren Aufgaben

Aufgabe 1

Löse die folgenden Aufgaben.

a) Vereinfache die Terme so weit wie möglich.
   (1) $87 - 13t^2 + 4t - 8t^3 - 8 + 13t^2$

   (2) $\frac{7a}{15} - \frac{3a}{5} - \frac{4s}{3}$

   (3) $(6d - 2e)^2 + 5x\,(4 + 3x)$

b) Für welche reellen Zahlen sind die Terme nicht definiert?

   (1) $\frac{1}{2a - 6}$ (2) $\frac{20 - 5b}{3 + b}$

c) Gib die Lösungsmenge im jeweiligen Grundbereich an.

   (1) $6 + a : 8 = 10; a \in \mathbb{N}$ (2) $\frac{b - 9}{3} + 5b = 2b; b \in \mathbb{Z}$

   (3) $6 - 5c = c + 8; c \in \mathbb{Q}$ (4) $(d - 2)(d + 2) < 5; d \in \mathbb{R}$

d) Stelle die Gleichungen nach r um.

   (1) $\frac{a}{3r} = \frac{b}{c}; a, b, c, r \in \mathbb{R}$ und $b, c, r \neq 0$

   (2) $V = \frac{4}{3}\pi r^3; r \geq 0; r \in \mathbb{R}$

Aufgabe 2

Löse die folgenden Sachaufgaben. Stelle dazu zuerst entsprechende Terme, Gleichungen oder Ungleichungen auf.

a) Wie viele Dosen zu je 300 g kann man in ein Paket packen, das maximal 12 kg wiegen soll.
   Die Verpackung (das leere Paket) hat eine Masse von einem halben Kilogramm.

b) Aus einem Schmelztiegel mit flüssigem Aluminium werden 60 Aluminiumwürfel mit einer Masse von je 20 g gegossen.
   Wie viele Würfel zu je 15 g könnten aus derselben Menge Aluminium entstehen?

c) Die Basis eines gleichschenkligen Dreiecks ist 4 cm lang. Gib an, wie lang die Schenkel sein können, wenn der Umfang des Dreiecks 15 cm nicht überschreitet?

d) Ein Lederball hat einen Durchmesser von 20 cm. Für die Anfertigung müssen 25 % mehr Material für Nähte und Verschnitt bereitgestellt werden als der Oberflächeninhalt der Kugel beträgt.
   Wie viel Quadratmeter Leder werden für die Herstellung eines Balls benötigt?

Aufgabe 3

Gegeben sind folgende Gleichung bzw. Ungleichung:

(1) $\frac{12}{10x - 4} = \frac{14}{6x - 16}; x \neq \frac{2}{5}$ und $x \neq \frac{8}{3}, x \in \mathbb{Z}$

und

(2) $(4x + 6)\,(x - 4) + 48 > 4x\,(x + 3) - (14x - 2); x \in \mathbb{R}$.

a) Löse die Gleichung bzw. Ungleichung. Gib die Lösungsmengen an.

b) Untersuche jeweils, ob $x = -2$ und $x = 3{,}2$ Lösungen sind.

c) Veranschauliche die Lösungen auf Zahlengeraden.

d) Gib alle natürlichen Zahlen an, die die Gleichung bzw. Ungleichung erfüllen.

Aufgabe 4

Damit eine Baufirma die Bodenplatten für 16 Einfamilienhäuser herstellen kann, beauftragt sie ein Mischwerk mit der Lieferung von Beton. Jede quaderförmige Bodenplatte soll 11,40 m lang, 9,80 m breit und 30 cm hoch werden. Der Beton soll mit 12 Spezialfahrzeugen, von denen jedes 5 m³ Beton transportieren kann, erfolgen.

a) Wie viel Kubikmeter Beton werden insgesamt für die Fertigung der Bodenplatten benötigt?

b) Wie oft muss jedes Fahrzeug fahren, damit der gesamte Beton auf der Baustelle zur Verfügung steht?

c) Bereits vor der ersten Fahrt werden drei Fahrzeuge zu einer anderen Baustelle abgezogen.
   Wie oft müssen die noch einsatzfähigen Fahrzeuge fahren, um den Auftrag erledigen zu können?

Oft können Sachverhalte durch eine lineare Gleichungen mit zwei Variablen beschrieben werden. Hat beispielsweise ein Rechteck einen Umfang von 20 cm, gilt für die Seiten a und b: $2a + 2b = 20$ cm. Es gibt mehrere Lösungen. Soll zusätzlich der Flächeninhalt 24 cm² betragen, gilt: $a \cdot b = 24$ cm². Dann muss ein Gleichungssystem gelöst werden.

Teste deine Grundfertigkeiten

1. Das folgende lineare Gleichungssystem sollte grafisch gelöst werden:
   (1) $y = 2x + 1$
   (2) $y = -1,5x + 4,5$

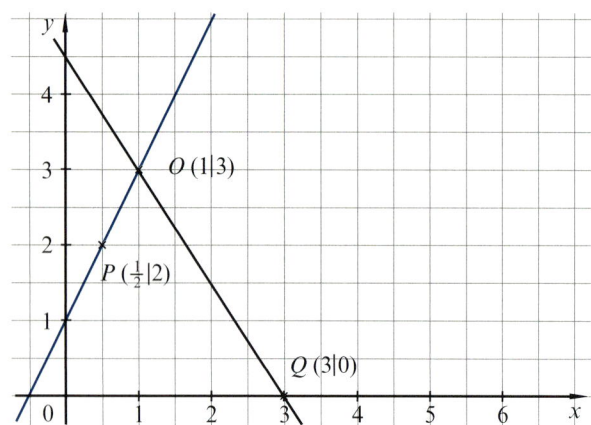

   Von welcher Gleichung stellt die blaue Gerade die Lösungsmenge grafisch dar?

   _____

2. Markiere die grafisch ermittelten Lösungen des Gleichungssystems im Koordinatensystem von Aufgabe 1 und lies die Lösungsmenge ab.

   [A] $L = \{1; 3\}$ [B] $L = \{(3; 1)\}$
   [C] $L = \{(1; 3)\}$ [D] $L = (3; 1)$

3. Wie viele Lösungen kann ein lineares Gleichungssystem haben?

   [A] keine   [B] eine
   [C] zwei   [D] unendlich viele

4. Überprüfe, bei welchen Gleichungssystemen die Lösungsmenge angegeben ist.

   [A] (1) $4a - 2b = -6$ [B] (1) $s = -15t$
        (2) $b = 9 - 2a$ (2) $16t - 2s = 92$
           $L = \{\}$ $L = \{(-30; 2)\}$

   [C] (1) $u + 2w = 4$ [D] (1) $y = 3x + 6$
        (2) $w = -3u - 3$ (2) $y = 2x - 8$
           $L = \{(2; -30)\}$ $L = \{(3; 18)\}$

5. Welche rechnerischen Verfahren zum Lösen linearer Gleichungssysteme gibt es?
   Du kannst zur Beantwortung das Tafelwerk nutzen.

   _____

   _____

6. Die folgenden Gleichungen sollten „addiert" werden. Markiere dabei entstehende Gleichungen.
   (1) $x - 2y = 3$
   (2) $2x + 2y = 12$

   [A] $3x - 3 = 12$ [B] $x + 2x - 2y + 2y = 3 + 12$
   [C] $3x = 15$ [D] $x + 2x - 2y + 2y = 12$

7. Gegeben ist das folgende Gleichungssystem.
   (1) $2a + 3b = 7$
   (2) $4a - 9b = -1$.
   Mit welcher Zahl ist zu multiplizieren, damit eine Variable bei der anschließenden „Addition" beider Gleichungen wegfällt?

   [A] 2   [B] −3
   [C] 3   [D] −2

8. Bestimme die Lösungsmenge des Gleichungssystems aus Aufgabe 7.

9. Anne kauft vier Roggenbrötchen und drei Vierkornbrötchen für 2,50 €. Sven kauft fünf Roggenbrötchen und sieben Vierkornbrötchen. Er zahlt 4,10 €. Markiere entsprechende Gleichungssysteme.

   [A] (1) $3v + r = 2,50$ [B] (1) $4x + 3y = 2,50$
        (2) $7v + 5r = 4,10$ (2) $5x + 7y = 4,10$

   [C] (1) $4r + 3v = 2,50$ [D] (1) $5x + 7y = 4,10$
        (2) $5r + 7v = 4,10$ (2) $x + 3y = 2,50$

---

8 bis 9 Aufgaben sind richtig. Deine Grundfertigkeiten sind gut.
6 bis 7 Aufgaben sind richtig. Deine Grundfertigkeiten sind befriedigend.
Weniger als 6 Aufgaben sind richtig. Deine Grundfertigkeiten sind noch nicht ausreichend.

Literaturhinweis: Mathematik in Übersichten S. 53 ff.

Trainiere an komplexeren Aufgaben

Aufgabe 1

Bestimme die Lösungsmengen der folgenden Gleichungssysteme mit einem Verfahren deiner Wahl.
Überlege, welches Verfahren jeweils am besten geeignet sein könnte, um schnell und sicher zur Lösung zu gelangen.

a) (1) $2y = 4x + 4$
   (2) $y = 10x - 22$

b) (1) $2x - 2 = -5y$
   (2) $4x - 3y = -22$

c) (1) $2u - 3v = -8$
   (2) $6v - u = 16$

d) (1) $x + 2y = 1$
   (2) $-x + 2y = 1$

Aufgabe 2

Löse die folgenden Text- und Sachaufgaben jeweils mithilfe eines Gleichungssystems.

a) Von zwei Zahlen ist bekannt: Addiert man zum Dreifachen der ersten Zahl das Doppelte der zweiten Zahl, so erhält man 26. Subtrahiert man das Dreifache der zweiten Zahl vom Fünffachen der ersten Zahl, dann erhält man 56. Wie heißen diese beiden Zahlen?

b) Die Quersumme einer zweistelligen Zahl ist 12, die Differenz der Ziffern ist 2. Welche Zahl könnte es sein?

c) Sophie macht Ferien auf dem Bauernhof. Sie darf die Hühner und Kaninchen füttern. Es sind 37 Tiere mit insgesamt 106 Beinen. Wie viele Hühner und wie viele Kaninchen leben auf dem Bauernhof?

d) Von einem Rechteck ist bekannt, dass der Umfang 20 cm und der Flächeninhalt 24 cm² beträgt. Wie lang sind die Seiten des Rechtecks?

Aufgabe 3

Paul gibt Elena die Gleichung $a + 1,5b = 4$ vor. Elena fügt, indem sie die Koeffizienten der Variablen verdoppelt, die 4 jedoch halbiert, eine zweite Gleichung hinzu.

a) Wie heißt die Gleichung von Elena?

b) Bilde aus beiden Gleichungen ein Gleichungssystem und löse es rechnerisch. Gib die Lösungsmenge an.

c) Bestimme die Lösungsmenge des Gleichungssystems grafisch.
   Was stellst du fest? Begründe.

Aufgabe 4

Aus einem Draht mit einer Länge von 1,40 m wird das Kantenmodell eines Quaders mit zwei quadratischen Begrenzungsflächen hergestellt. Die Differenz der kurzen Kanten an den quadratischen Flächen und der längeren Kanten beträgt 5 cm.

a) Stelle ein Gleichungssystem auf und berechne die Kantenlängen des Körpers. (Hinweis: Skizziere zuvor den Quader.)

b) Wie lang sind die Kanten, wenn der Draht 20 cm kürzer ist und die langen Kanten 4-mal so lang wie die kurzen Kanten sind?

Aufgabe 5

Eine Getränkefirma bietet im Rahmen einer Werbeveranstaltung zum Thema „Gesund leben" verschiedene Fruchtsäfte an.
Angebot 1: Je 6 Flaschen Multivitaminsaft und Sanddornsaft kosten 8,70 €.
Angebot 2: 8 Flaschen Multivitaminsaft und 4 Flaschen Sanddornsaft kosten 8,20 €.

a) Was kostet jeweils eine Flasche?

b) Was ist zu bezahlen, wenn 8 Flaschen von jeder Sorte gekauft werden?

c) Welche Zusammenstellung von Säften könnte man für 14,50 € erwerben? Begründe deine Aussage.

d) Ein Kunde kauft Saft für 13,30 €. Es sind genau 8 Flaschen Multivitaminsaft dabei.
   Berechne die Anzahl der Flaschen mit Sanddornsaft.

Zuordnungen begegnen uns in allen Lebensbereichen, z. B. ist auf einer Senderfrequenz ein bestimmter Radiosender zu finden und jedes Brötchen hat einen bestimmten Preis. Wenn es sich dabei sogar um eine eindeutige Zuordnung handelt, spricht man von einer Funktion. Eine Klasse von Funktionen sind die linearen Funktionen.

Teste deine Grundfertigkeiten

1. Bei welchen der folgenden Abbildungen handelt es sich um Graphen von Funktionen?

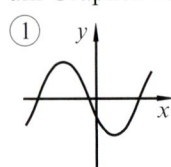 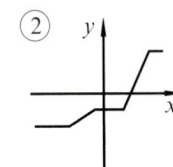 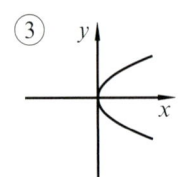

- [A] Bild 1
- [B] Bild 1 und 3
- [C] Bild 1 und 2
- [D] allen

2. Jedes Brötchen kostet 0,20 € bei einem Bäcker. Welche Zahlen sind zu ergänzen, damit eine dementsprechende Zuordnung zwischen x und y besteht?

x (Anzahl der Brötchen)	1	3	
y (Gesamtpreis in €)	0,20		1,40

- [A] $x = 0{,}60; y = 7$
- [B] $x = 0{,}70; y = 6$
- [C] $x = 7; y = 0{,}60$
- [D] $x = 6; y = 0{,}70$

3. Welche Funktionsgleichungen beschreiben die Zuordnung aus Aufgabe 2?

- [A] $y = f(x) = 0{,}2x$
- [B] $y = h(x) = 1x$
- [C] $y = t(x) = x + x$
- [D] $y = g(x) = 0{,}2x$

4. Welche der folgenden Funktionen haben an der Stelle $x = 3$ den Funktionswert $y = 8$?

- [A] $f(x) = 2x + 2$
- [B] $f(x) = -x + 11$
- [C] $f(x) = 4x - 4$
- [D] $f(x) = (x - 1)^3$

5. Zu welchen Funktionen gehört nicht das geordnete Paar $(2 | 4)$?

- [A] $f(x) = 5x - 4$
- [B] $f(x) = x^2$
- [C] $f(x) = \sqrt{5x + 6}$
- [D] $f(x) = \dfrac{8}{x^2}$

6. Bei welchen Funktionen ist der gegebene x-Wert Nullstelle der Funktion?

- [A] $y = x^3 - 1; x = 1$
- [B] $y = 2x + 3; x = 1{,}5$
- [C] $y = \dfrac{4}{x}; x = 1$
- [D] $y = 8x - 4; x = 0{,}5$

7. Gleichungen linearer Funktionen kann man in der Form $y = mx + n$ notieren.
Welche Bedeutung haben m und n für den Verlauf der Graphen im Koordinatensystem?
Du kannst zur Beantwortung das Tafelwerk nutzen.

_____

_____

8. Die Grafik zeigt das Bild einer linearen Funktion $y = f(x) = mx + n$.
Welche Aussagen sind richtig?

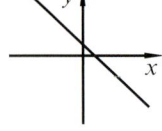

- [A] $m > 0$ und $n > 0$
- [B] $m < 0$ und $n > 0$
- [C] $m < 0$ und $n < 0$
- [D] $m > 0$ und $n < 0$

9. Gegeben ist die Gleichung einer linearen Funktion in der Form $12x - 4y = 16$.
Forme so um, dass du m und n ablesen kannst.

- [A] $m = 12$ und $n = -16$
- [B] $m = 3$ und $n = 16$
- [C] $m = 3$ und $n = -4$
- [D] $m = -3$ und $n = 4$

10. Einer Zahl x wird jeweils ihr 5faches vermindert um 3 zugeordnet. Wie lautet die Funktionsgleichung?

- [A] $y = f(x) = 5x + 3$
- [B] $y = f(x) = (x + 5) - 3$
- [C] $y = f(x) = 3x - 5$
- [D] $y = f(x) = 5x - 3$

11. Gib jeweils die Funktionsgleichung zu den dargestellten Graphen linearer Funktionen an.

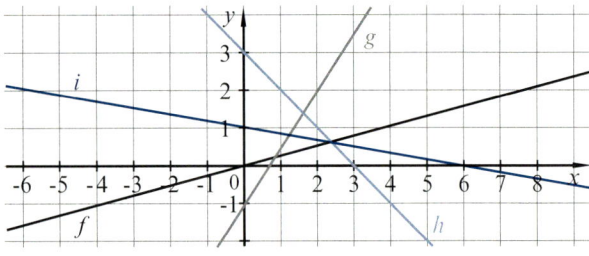

_____

_____

9 bis 11 Aufgaben sind richtig. Deine Grundfertigkeiten sind gut.
7 bis 8 Aufgaben sind richtig. Deine Grundfertigkeiten sind befriedigend.
Weniger als 7 Aufgaben sind richtig. Deine Grundfertigkeiten sind noch nicht ausreichend.

Literaturhinweis: Mathematik in Übersichten S. 79 ff. und S. 85 ff.

Trainiere an komplexeren Aufgaben

Aufgabe 1

Gegeben ist die Gleichung einer linearen Funktion f mit $y = f(x) = -2x - 2{,}5$.

a) Zeichne den Graphen der Funktion f in ein Koordinatensystem ein.

b) Überprüfe, ob die Punkte $P(-2\,|\,0)$ und $Q(-5{,}5\,|\,8{,}5)$ auf der Geraden liegen.

c) Bestimme jeweils die fehlende Koordinate der Punkte $A(-4\,|\,y)$ und $B(x\,|\,11{,}5)$, die auf dem Graphen liegen.

d) Berechne die Nullstelle der Funktion f und vergleiche mit der grafischen Darstellung.

e) In welchem Abstand vom Koordinatenursprung $(0\,|\,0)$ schneidet die Gerade f die y-Achse?

Aufgabe 2

Gegeben ist die Gleichung einer linearen Funktion f mit $y = f(x) = 4x - 3$.

a) Stelle die zu f gehörende Gerade in einem Koordinatensystem dar.

b) Berechne die Koordinaten des Schnittpunktes P der Geraden f mit der x-Achse.

c) Gib die Koordinaten des Schnittpunktes Q der Geraden f mit der y-Achse an.

d) Zeichne eine zur Geraden f parallel verlaufende Gerade g durch den Punkt $P(2\,|\,1)$ ein.
Gib eine Gleichung für diese Gerade an.

e) Wie weit muss die Gerade f in Richtung der y-Achse verschoben werden, damit sie durch den Koordinatenursprungspunkt $(0\,|\,0)$ verläuft?

Aufgabe 3

Gegeben ist eine Funktion f durch folgende Wortvorschrift: Jeder Zahl wird ihr 3-faches vermindert um 3 zugeordnet.

a) Gib für die Funktion f eine Gleichung an.

b) Zeichne den Graphen f für x-Werte von -2 bis 3.

c) Welches Monotonieverhalten hat f?

d) Berechne die Nullstelle von f.

e) Ermittle $f(-5)$ und $f(8)$.

f) Berechne x, so dass gilt $f(x) = 99$.

Aufgabe 4

Gib jeweils eine Gleichung der Funktion an, deren Graphen durch die folgenden Angaben festgelegt wird.

a) Die Schnittpunkte mit den Koordinatenachsen sind $A(1\,|\,0)$ und $B(0\,|\,3)$.

b) Der Graph verläuft durch die Punkte $M(-2\,|\,3)$ und $N(3\,|\,-3)$.

c) Der Graph verläuft durch den Punkt $P(-3\,|\,-2)$ und hat den Anstieg $m = 2$.

d) Der Graph verläuft parallel zur Winkelhalbierenden des 1. Quadranten durch den Punkt $Q(3\,|\,1)$.

Aufgabe 5

Gegeben sind die Gleichungen zweier linearer Funktionen f und g mit $f(x) = 2x - 3$ und $g(x) = -2x + 5$.

a) Zeichne die Graphen der Funktionen f und g.

b) Berechne die Nullstellen beider Graphen und vergleiche mit der Zeichnung.

c) Zeichne eine zum Graphen der Funktion f senkrecht verlaufende Gerade k mit derselben Nullstelle in das Koordinatensystem ein. Gib eine Gleichung für diese Gerade an.

d) Berechne die Koordinaten des Schnittpunktes S der Graphen der Funktion f und g. Vergleiche diese mit denen aus der grafischen Darstellung.

e) Der Graph der Funktion g wird um 3 Längeneinheiten in Richtung der positiven y-Achse verschoben. Gib eine Gleichung der zugehörigen linearen Funktion l an.

Aufgabe 6

Gegeben sind lineare Gleichungen mit zwei Variablen. Gleichung (1): $2x + 4y = 4$ und Gleichung (2): $6x - 2y = 12$.

a) Gib je zwei Zahlenpaare an, die Lösungen der Gleichung (1) bzw. der Gleichung (2) sind.

b) Ergänze die Zahlenpaare $(\frac{2}{3} \mid \dots)$ und $(\dots \mid -9)$ so, dass sie Lösungen der Gleichung (1) sind.

c) Stelle beide Gleichungen nach y um, so dass Gleichungen der Form $y = mx + n$ entstehen.

d) Überprüfe grafisch deine Ergebnisse zu den Aufgaben 6 a) und b).

e) Löse das durch die beiden Gleichungen gebildete lineare Gleichungssystem rechnerisch.

f) Lies die Koordinaten des Schnittpunktes S beider Graphen ab und vergleiche dein Ergebnis mit dem der Aufgabe e).

g) Unter welchen Winkeln schneiden die Graphen der Funktionen zu den Gleichungen (1) und (2) die x-Achse?

Aufgabe 7

Gegeben sind zwei Funktionen f und g durch ihre Darstellung im Koordinatensystem.

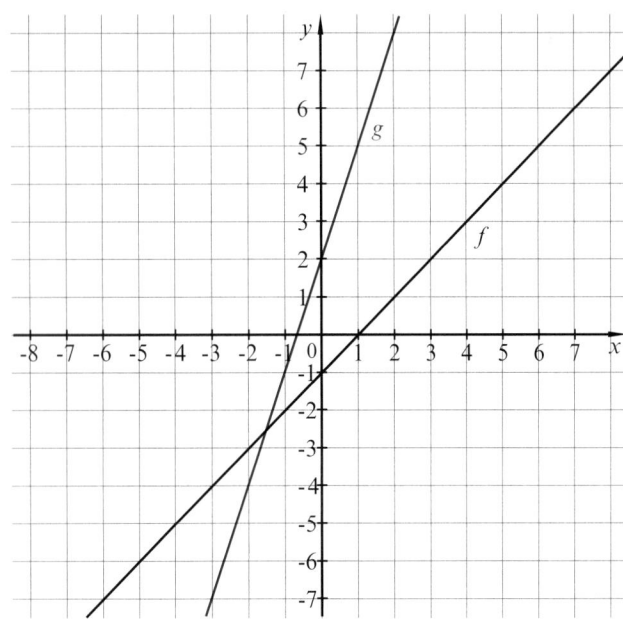

a) Gib für die beiden Funktionen f und g jeweils eine Gleichung an.

b) Welche der Funktionen hat den größeren Anstieg?

c) Berechne die Koordinaten des Schnittpunktes S der Geraden und überprüfe dein Ergebnis grafisch.

d) Zeichne eine zu f parallele Gerade k durch den Punkt $P(1 \mid -2)$ ein.
Wie lautet die entsprechende Funktionsgleichung für diese Parallele k?

e) Die Gerade zur Funktion g soll so parallel verschoben werden, dass sie die Gerade f genau auf der y-Achse schneidet. Wie lautet die Gleichung dieser Geraden l?

f) Bestimme die Achsenschnittpunkte der blauen Geraden.

g) Die blaue Gerade und Abschnitte der beiden Koordinatenachsen bilden ein Dreieck mit rechtem Winkel beim Koordinatenursprungspunkt.
Berechne den Flächeninhalt des Dreiecks.

Aufgabe 8

Eine brennende Haushaltskerze, die neu 24 cm lang war, wird beim Abbrennen beobachtet.
Dabei wird festgestellt, dass ihre Länge pro Stunde um 4 cm abnimmt.

a) Wie groß ist die gesamte Brenndauer der Kerze?

b) Am ersten Tag wird die Kerze nach 150 min ausgepustet. Wie lang ist die Kerze dann noch?

c) Um den Zusammenhang genauer untersuchen zu können, wird die Gleichung einer linearen Funktion f aufgestellt, die der Zeit die Länge der Kerze zuordnet.
Was kannst du über die Monotonie der Funktion f aussagen?

d) Angenommen die neue Kerze wird angezündet und brennt danach kontinuierlich ab. Welche der beiden Gleichungen (1) $y = 4x - 24$ oder (2) $y = -4x + 24$ beschreibt diese Funktion f?

e) Was geben die beiden Variablen x und y in der Funktionsgleichung an?

f) Berechne die Nullstelle der Funktion f. Was gibt die Nullstelle praktisch an?

g) Der Definitionsbereich einer Funktion ist in der Regel der Bereich der reellen Zahlen. Ist das bei dieser Funktion auch sinnvoll?
Wenn nein, schränke den Definitionsbereich geeignet ein.

Aufgabe 9

In einem Parkhaus sind Parkgebühren zu entrichten. Im Diagramm ist ein erster unvollständiger Entwurf für die neue Zuordnung von „Parkdauer in Minuten" zu „Parkgebühr in Euro" dargestellt.

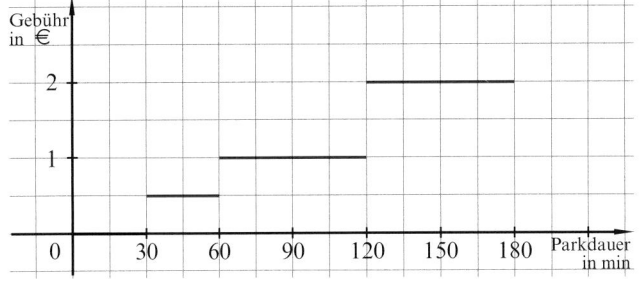

a) Wie viel Parkgebühr muss man entrichten, wenn man 20 min (80 min; 150 min) parken möchte?
b) Formuliere eine eindeutige Gebührenordnung zur gegebenen grafischen Darstellung in Tabellenform.
c) Wie lange darf man entsprechend der Gebührenordnung maximal parken, wenn man nicht mehr als 1 € bezahlen will?
d) Ergänze deine Gebührenordnung und das Diagramm um eine Regel für Parkzeiten über 3 Stunden.

Aufgabe 10

Bei einem Stromanbieter gibt es zwei Tarife: Tarif A: jährliche Grundgebühr 72 € und 17,20 ct pro kWh
Tarif B: jährliche Grundgebühr 108 € und 15,80 ct pro kWh.

a) Berechne jeweils die Preise für einen Jahresverbrauch von 500 kWh und 1000 kWh.
b) Stelle für beide Tarife jeweils eine Funktionsgleichung auf, die den verbrauchten Kilowattstunden den Preis pro Jahr zuordnet.
Gib die praktische Bedeutung der Variablen an.
c) Zeichne die zu jeder Gleichung gehörende Gerade in ein Koordinatensystem ein. Teile dabei die Achsen sinnvoll ein.
d) Die Geraden schneiden sich an der Stelle $x = 2571,4$. Was bedeutet das für den zu wählenden Tarif?

Aufgabe 11

Gegeben sind zwei Geraden g und h mit $g: y = 0,5x + 2$ und $h: y = -2x + 12$ sowie die Punkte $A(-2 \mid 1)$ und $B(6 \mid 0)$.

a) Weise rechnerisch nach, dass der Punkt A auf der Geraden g und der Punkt B auf der Geraden h liegt.
b) Stelle die Geraden g und h in einem Koordinatensystem dar. Zeichne auch die Punkte A und B ein.
Überprüfe dabei deine Ergebnisse der Aufgabe a).
c) Berechne die Koordinaten des Schnittpunktes S der beiden Geraden g und h.
d) Das Dreieck ABS ist rechtwinklig. Gib die Koordinaten eines Punktes C so an, dass mithilfe von C das Dreieck ABS zu einem Rechteck ergänzt werden kann.

Aufgabe 12

Für verschiedene elektrische Bauelemente hat man eine Messreihe von Stromstärke und Spannung durchgeführt.
Dabei hat man folgende Messwerte erhalten:

Spannung in V	Stromstärke in mA		
	Bauelement 1	Bauelement 2	Bauelement 3
2	340	160	170
4	680	320	300
5	850	400	330

a) Stelle die Messwerte in einem Spannung-Stromstärke-Diagramm (Abzissenachse: Stromstärke; Ordinatenachse: Spannung) dar.
b) Bei welchen Bauelementen ergibt sich vermutlich direkte Proportionalität zwischen Spannung und Stromstärke? Begründe deine Meinung.
Berechne die jeweiligen Proportionalitätsfaktoren.
c) Bei welchem der Bauelemente mit konstantem Widerstand ist dieser größer?
Woran erkennt man das im Diagramm?
d) Gib jeweils die Funktionsgleichung an.

Es gibt viele Zusammenhänge in der Mathematik und in den Naturwissenschaften, bei denen Quadrate auftreten. Um solche Abhängigkeiten grafisch darstellen zu können, benötigt man quadratische Funktionen. Für das Ausführen von Rechnungen zu quadratischen Funktionen sind Kenntnisse zu quadratischen Gleichungen wichtig.

Teste deine Grundfertigkeiten

1. Bei welchen der folgenden Gleichungen handelt es sich um quadratische Gleichungen?

A $x^2 + 3x - 4 = 0$ B $x^2 - 4 = 21$
C $4x - 3 = 5x$ D $2x - 6 = 3x^2$

2. Zum Lösen quadratischer Gleichungen in Normalform gibt es eine Lösungsformel.
Suche die Formel im Tafelwerk und notiere sie.

_____

3. Wie viele Lösungen kann eine quadratische Gleichung haben?

A eine   B drei
C zwei   D keine

4. Bestimme die Lösungsmengen der folgenden quadratischen Gleichungen.

a) $x^2 = 81$
A $L = \{9\}$ B $L = \{-9\}$
C $L = \{-9; 9\}$ D $L = \{0; 9\}$

b) $x^2 - 9 = 40$.
A $L = \{7\}$ B $L = \{0; 7\}$
C $L = \{-7; 7\}$ D $L = \{3; 7\}$

c) $x(x - 4) = 0$
A $L = \{0\}$ B $L = \{0; 4\}$
C $L = \{4\}$ D $L = \{-4; 0\}$

5. Zu welchen der folgenden quadratischen Gleichungen gehören die Lösungen $x_1 = 0$ und $x_2 = 2$?

A $x^2 - 2x = 0$ B $4x^2 - 8x = 0$
C $x^2 = 4$ D $2x^2 = 4x$

6. Löse die folgenden quadratischen Gleichungen.
Bei welchen quadratischen Gleichungen ist die Summe der beiden Lösungen in Klammern angegeben.

A $x^2 + 2x - 3 = 0$ [-2]   B $x^2 - x - 6 = 0$ [4]
C $x^2 - 3x = 10$ [3]   D $2x^2 - 2x - 4 = 0$ [1]

7. Funktionsgleichungen quadratischer Funktionen können unterschiedlich angegeben werden.
Suche im Tafelwerk folgende Formen und notiere sie.

Scheitelpunktform: _____

Allgemeine Form: _____

8. Welche der folgenden quadratischen Funktionen hat genau zwei Nullstellen?

A $f(x) = x^2 - 4x + 6$ B $f(x) = x^2 - 10x + 9$
C $f(x) = x^2 + 4$ D $f(x) = x^2 - 2x + 1$

9. Bei welchen der gegebenen Funktionen sind die jeweiligen Scheitelpunktkoordinaten angegeben?
Nutze entsprechende Formeln aus dem Tafelwerk.

A $y = x^2 - 2, S(0|-2)$ B $y = (x + 2)^2 - 2, S(2|0)$
C $y = (x - 2)^2, S(2|0)$ D $y = x^2 - 4x + 4, S(2|-2)$

10. Gegeben sind die folgenden Graphen quadratischer Funktionen.
Gib die Scheitelpunkte und Funktionsgleichungen an.

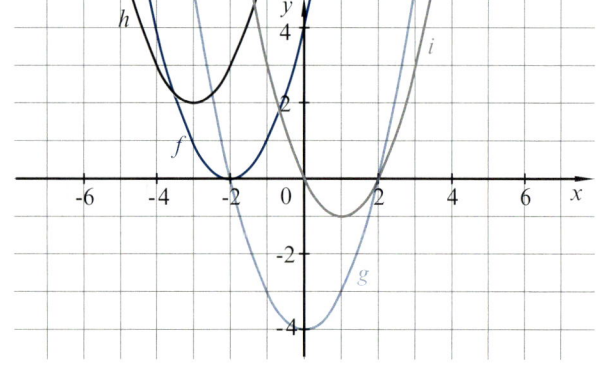

_____

_____

11. Gib die Nullstellen der Funktion zum hellblauen Graphen aus Aufgabe 10 an.

_____

9 bis 11 Aufgaben sind richtig. Deine Grundfertigkeiten sind gut.
7 bis 8 Aufgaben sind richtig. Deine Grundfertigkeiten sind befriedigend.
Weniger als 7 Aufgaben sind richtig. Deine Grundfertigkeiten sind noch nicht ausreichend.

Literaturhinweis: Mathematik in Übersichten S. 60 ff. und S. 89 ff.

Trainiere an komplexeren Aufgaben

Aufgabe 1

Forme die folgenden Gleichungen zuerst in die Normalform um. Löse die Gleichungen danach.

a) $x^2 = 8x - 7$

b) $6c + 56 = c^2$

c) $2x^2 + 16x - 18 = 0$

d) $0 = 28a + 7a^2$

e) $-x^2 + 6x = 1$

f) $12x^2 + 4x + 2 = 9x^2 + 11x$

g) $2x(5 - x) = 8(3 - 0{,}5x)$

h) $\dfrac{9}{x-8} = x$

i) $x - 2 = \dfrac{-4}{x+1}$

j) $\dfrac{60}{2b} - \dfrac{16}{1+b} = \dfrac{-13}{2-b}$

Aufgabe 2

Löse die folgenden Text- und Sachaufgaben. Stelle bei jeder Aufgabe jeweils erst eine quadratische Gleichung auf.
Hinweis: Führe für die jeweils gesuchte Größe eine Variable ein.

a) Das Quadrat der gesuchten Zahl ist gleich ihrem Fünffachen. Welche Zahl könnte es sein?

b) Welche Kantenlänge hat ein Würfel mit dem Oberflächeninhalt $37{,}5\,\text{cm}^2$?

c) Multipliziert man eine natürliche Zahl mit der um 10 größeren Zahl, so erhält man 704. Wie lautet die Zahl?

d) Das Quadrat einer natürlichen Zahl vermehrt um ihr 7faches ergibt 8. Wie lautet die Zahl?

e) Der Flächeninhalt eines Rechtecks beträgt $21\,875\,\text{mm}^2$. Die eine Seite ist um 5 cm länger als die andere Seite. Wie lang sind die Rechteckseiten?

f) Ein rechtwinkliges Dreieck hat einen Flächeninhalt von $40\,\text{cm}^2$. Eine Kathete ist 16 cm länger als die andere Kathete.
Wie lang sind die Katheten?

Aufgabe 3

Gegeben ist die Funktion $y = f(x) = (x - 2)^2 - 1$.

a) Gib die Koordinaten des Scheitelpunktes der Parabel an.

b) Forme die Gleichung der Parabel in die Normalform um.

c) Berechne die Nullstellen der Funktion f. In welchem Punkt schneidet der Graph die y-Achse?

d) Welche x-Koordinaten haben die Punkte, die auf dem Graph der Funktion f liegen und die y-Koordinate 8 besitzen?

e) Überprüfe deine Ergebnisse anhand einer Zeichnung.

Aufgabe 4

Gegeben ist die quadratische Funktion f mit $y = f(x) = x^2 - 5x + 6$.

a) Berechne die Koordinaten der Schnittpunkte des Graphen der Funktion f mit der x-Achse und der y-Achse.

b) Bestimme die Koordinaten des Scheitelpunktes und zeichne die Parabel in ein Koordinatensystem ein.

c) Gegeben ist die Gerade g mit der Gleichung $y = -5x + 7$. Zeichne die Gerade in dasselbe Koordinatensystem mit ein.

d) Kennzeichne die Schnittpunkte der beiden Graphen und lies die Koordinaten ab.

e) Berechne die Koordinaten der Schnittpunkte des Graphen von f mit der Geraden g und vergleiche deine Ergebnisse mit der Zeichnung.

f) In welchem Intervall ist der Graph der Funktion f monoton fallend?

g) Welche Zahl ist in die Gleichung $y = x^2 - 5x + q$ für q einzusetzen, damit die dadurch gegebene Funktion genau eine Nullstelle hat.

Aufgabe 5

Gegeben ist die Funktion f mit $y = f(x) = (x-2)^2 - 5$.

a) Ermittle den kleinsten Funktionswert, den die Funktion f annehmen kann.
b) Gib den Wertebereich von f an.
c) Welchen Funktionswert nimmt f an der Stelle $x = -1$ an?
d) Berechne die Nullstellen.

e) Um wie viele Einheiten muss man die Parabel nach oben verschieben, damit sie nur einen Punkt mit der x-Achse gemeinsam hat?
Wie lautet die Gleichung der verschobenen Parabel?
f) Berechne die Koordinaten der Schnittpunkte des Graphen von f mit dem Graphen der Funktion g mit $g(x) = x^2 - 2x + 2$.

Aufgabe 6

Löse die folgenden Aufgaben.

a) Gegeben ist die Gleichung $x^2 + 12x - t = 0$.
Bestimme die Variable t so, dass eine Lösung der quadratischen Gleichung $x_1 = -1$ heißt. Wie lautet dann die zweite Lösung?

b) Eine quadratische Gleichung hat die Lösungen $x_1 = 4$ und $x_2 = -4$. Gib eine solche Gleichung an.
c) Für welche Werte a hat die Gleichung $(x+2)^2 = a$ zwei Lösungen?

Aufgabe 7

Regentonnen haben häufig die Form von Zylindern. Im Garten der Familie Mustermann steht eine Tonne, die 1,20 m hoch ist und einen Durchmesser von 80 cm hat.

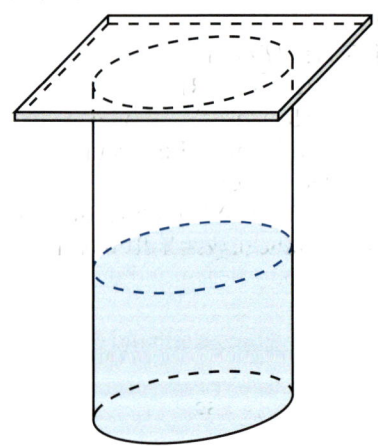

a) Bestimme das maximale Fassungsvermögen der Tonne in Litern.
b) Wie hoch steht das Wasser in der Tonne, wenn $0,4\,\text{m}^3$ Wasser gesammelt worden sind?
c) Zur Abdeckung der Tonne möchte Herr Mustermann eine $0,8\,\text{m}^2$ große quadratische Platte verwenden.
Wie weit ragt die Platte „gleichmäßig" über den Tonnenrand hinaus? Runde sinnvoll.
d) Wie viel Prozent Abfall entstehen, wenn aus der quadratischen Platte ein Kreis so herausgeschnitten wird, so dass der Radius des Deckels 4 cm größer ist als der Radius der Tonne?
e) Das Fassungsvermögen der Tonne soll verdoppelt werden. Wie groß muss der Durchmesser der neuen Tonne sein, wenn die Höhe gleich bleiben soll?

Aufgabe 8

Eine quadratische Funktion hat als Graphen eine nach oben geöffnete verschobene Normalparabel.
Bestimme jeweils die Gleichung der Funktion, wenn die folgenden Eigenschaften bekannt sind.

a) Der Scheitelpunkt der Parabel hat die Koordinaten $S(-2\,|\,5)$.
b) An der Stelle $x = 2$ tritt der kleinste Funktionswert mit $y = -1$ auf.
c) Die Symmetrieachse der Parabel verläuft parallel zur y-Achse durch $x = -3$ und die Funktion hat genau eine Nullstelle.

d) Für $x < 1$ ist die Funktion monoton fallend, für $x > 1$ monoton steigend und der Scheitelpunkt hat die y-Koordinate $y = 2$.
e) Die Punkte $P(3\,|\,17)$ und $Q(-2\,|\,2)$ liegen auf der Parabel.

Aufgabe 9

Gegeben sind die Parabeln f und g mit $y = f(x) = 0{,}5x^2$ und $y = g(x) = -x^2 + 3$.

a) Stelle die beiden Parabeln in einem Koordinatensystem dar. Stelle dazu eine Wertetabelle auf.
b) Wie unterscheiden sich die Graphen der Funktionen f und g von der Normalparabel?

c) Berechne die Nullstellen.
d) Berechne die Koordinaten der Schnittpunkte der Graphen von f und g.

Aufgabe 10

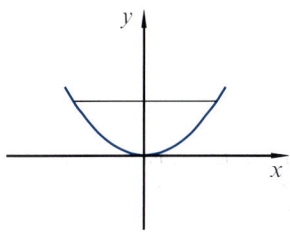

Eine Parabolantenne für den Satellitenempfang hat als Querschnitt eine Parabel. Wenn man diese in ein geeignetes Koordinatensystem „legt", kann man eine Gleichung für die Parabel in der Form $y = ax^2$ angeben (siehe Skizze). Ein Parabolspiegel hat einen Durchmesser von 60 cm und eine Tiefe von 6 cm.
Finde eine Gleichung für die Parabel.

Aufgabe 11

Die Skizze zeigt den Querschnitt einer Rinne. Ihr parabelförmiger Bogen kann durch die Gleichung $y = f(x) = 0{,}25x^2 - 9$ beschrieben werden.

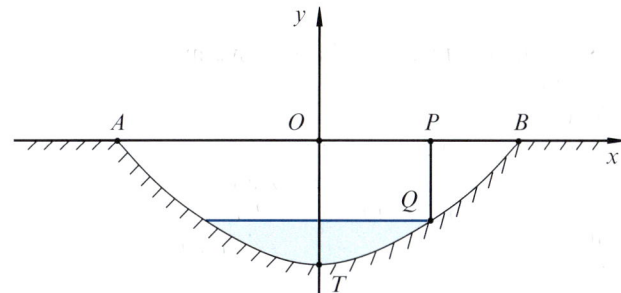

a) Zeichne die Rinne ähnlich wie in der Skizze maßstabsgerecht in ein Koordinatensystem, wobei eine Einheit 1 cm lang ist.
b) Berechne die Tiefe $\overline{OT}$ der Rinne.
c) Berechne die Breite $\overline{AB}$ der Rinne.
d) Das Wasser in der Rinne steht 4 cm hoch. Wie groß ist die horizontale Entfernung $\overline{BP}$ des Wassers vom Rand der Rinne?
e) Die Rinne ist 5 m lang. Wie groß ist die Wasseroberfläche, wenn die Rinne bis zur halben Höhe gefüllt ist?

Aufgabe 12

Viele Brückenkonstruktionen basieren auf parabelförmigen Bögen. In der Skizze ist der Querschnitt einer Bogenbrücke dargestellt, der durch eine Gleichung einer quadratischen Funktion der Form $y = f(x) = -\frac{1}{9}x^2$ beschrieben werden kann. x gibt die Entfernung in Metern an.

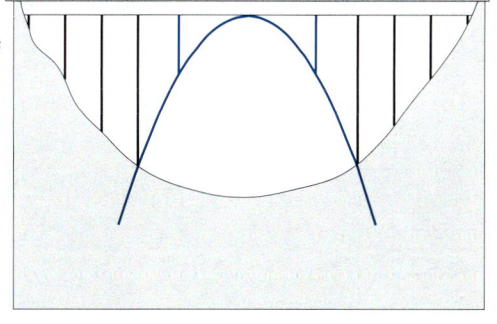

Bogenbrücke

Talbrücke

a) Begründe, warum in der Gleichung $y = ax^2$ für die Parabel gelten muss: $a < 0$.
b) Der blau eingezeichnete Brückenbogen hat oberirdisch eine Spannweite von 36 m. Bestimme die Länge des sichtbaren Teils der beiden längsten Stützen.
c) Jeweils 6 m von den sichtbaren Enden des Brückenbogens entfernt, sollen Stützen angebracht werden. Wie lang sind diese blau eingezeichneten Stützen?
d) Eine Darstellung wurde so angefertigt, dass die x-Achse genau oberhalb des „Bogens" verläuft. Wie würde die Funktionsgleichung lauten, wenn die x-Achse unterhalb des „sichtbaren Bogens" verlaufen würde?

Potenzen spielen in vielen Naturwissenschaften eine wichtige Rolle. Um sehr große bzw. kleine Zahlen darzustellen, trennt man oft Zehnerpotenzen ab. Die mittlere Entfernung von der Erde zur Sonne beträgt beispielsweise rund $149{,}6 \cdot 10^6$ km. Ein Produkt aus gleichen Faktoren wie $10 \cdot 10 \cdot 10 \cdot 10 \cdot 10 \cdot 10$ kann man kürzer als Potenz schreiben: 10^6.

Teste deine Grundfertigkeiten

1. Welche Umformungen sind richtig?
Notiere die Potenzgesetze, die anzuwenden sind.
Du kannst das Tafelwerk dazu nutzen.

$\boxed{A}$ $10^3 \cdot 10^5 = 10^{15}$ $\quad$ $\boxed{B}$ $10^3 : 10^4 = 10^{-1}$
$\boxed{C}$ $5^8 \cdot 2^8 = 10^8$ $\quad$ $\boxed{D}$ $10^5 : 10^5 = 10^1$

Potenzgesetze: _____

_____

2. Welche Umformungen sind richtig?

$\boxed{A}$ $(4^5)^3 = 4^8$ $\qquad$ $\boxed{B}$ $2 \cdot 4^3 + 5 \cdot 4^3 = 7 \cdot 4^3$

$\boxed{C}$ $\left(\frac{2}{3}\right)^4 = \frac{16}{18}$ $\qquad$ $\boxed{D}$ $\left(\left(\frac{2}{5}\right)^4\right)^{-4} = \frac{2}{5}$

3. Welche Terme sind gleichwertig zu: 4^8?

$\boxed{A}$ $4 \cdot 4 \cdot 4 \cdot 4 \cdot 4 \cdot 4 \cdot 4 \cdot 4$ $\quad$ $\boxed{B}$ $4^2 \cdot 4^2 \cdot 4^4$
$\boxed{C}$ $2^2 \cdot 2^6$ $\qquad\qquad$ $\boxed{D}$ $4^2 \cdot 4^6$

4. Welche Terme sind gleichwertig zu: 3^7?

$\boxed{A}$ $3^3 : 3^4$ $\qquad$ $\boxed{B}$ $3^{10} : 3^3$
$\boxed{C}$ $3^5 : 3^{-2}$ $\qquad$ $\boxed{D}$ $3^{10} : 3^1 : 3^2$

5. Welche Umformungen sind richtig?

$\boxed{A}$ $\sqrt{5^3} = 5^{\frac{2}{3}}$ $\qquad$ $\boxed{B}$ $\sqrt[3]{24^4} = 24^{\frac{4}{3}}$

$\boxed{C}$ $y^{-2} = \frac{1}{y}, y \neq 0$ $\qquad$ $\boxed{D}$ $z^{\frac{3}{5}} = \sqrt[5]{z^3}, z \geq 0$

6. Markiere die jeweils zueinander gleichwertigen Terme.

$\boxed{A}$ $13 \cdot 10^5 = 0{,}00013$ $\quad$ $\boxed{B}$ $1{,}3 \cdot 10^4 = 0{,}00013$
$\boxed{C}$ $1{,}3 \cdot 10^{-4} = 0{,}00013$ $\quad$ $\boxed{D}$ $1{,}3 \cdot 10^{-5} = 0{,}00013$

7. Welcher Term gibt $154\,000\,000\,000\,000\,000\,000$ in der Form: $a \cdot 10^x$ mit $1 \leq |a| < 10$ an?

$\boxed{A}$ $1{,}54 \cdot 10^{18}$ $\qquad$ $\boxed{B}$ $1{,}54 \cdot 10^{20}$
$\boxed{C}$ $154 \cdot 10^{18}$ $\qquad$ $\boxed{D}$ $1{,}54 \cdot 10^{-20}$

8. Markiere die richtigen Vereinfachungen.

a) $\dfrac{\sqrt[4]{11}}{\sqrt[4]{7}}$

$\boxed{A}$ $\dfrac{11}{7}$ $\qquad\qquad$ $\boxed{B}$ $\sqrt[4]{\dfrac{11}{7}}$

$\boxed{C}$ $\left(\dfrac{11}{7}\right)^{\frac{1}{4}}$ $\qquad$ $\boxed{D}$ $\left(\dfrac{11}{7}\right)^4$

b) $\sqrt[3]{5} \cdot \sqrt[6]{5}$

$\boxed{A}$ $\sqrt[18]{25}$ $\qquad$ $\boxed{B}$ $\sqrt[9]{5}$

$\boxed{C}$ $\sqrt[18]{5}$ $\qquad$ $\boxed{D}$ $\sqrt{5}$

9. Notiere die gesuchten Exponenten.
Die Summe aller gesuchten Exponenten ist 2.

$\boxed{A}$ $2^x = 16, x = $ _____ $\quad$ $\boxed{B}$ $\left(\frac{1}{4}\right)^x = \frac{1}{64}, x = $ _____

$\boxed{C}$ $6^x = \frac{1}{216}, x = $ _____ $\quad$ $\boxed{D}$ $10^x = \frac{1}{100}, x = $ _____

10. Ordne den Graphen die zwei entsprechenden Funktionsgleichungen zu:

$$y = f(x) = x^2; \quad y = h(x) = x^{\frac{1}{2}}; \quad y = k(x) = x^3$$

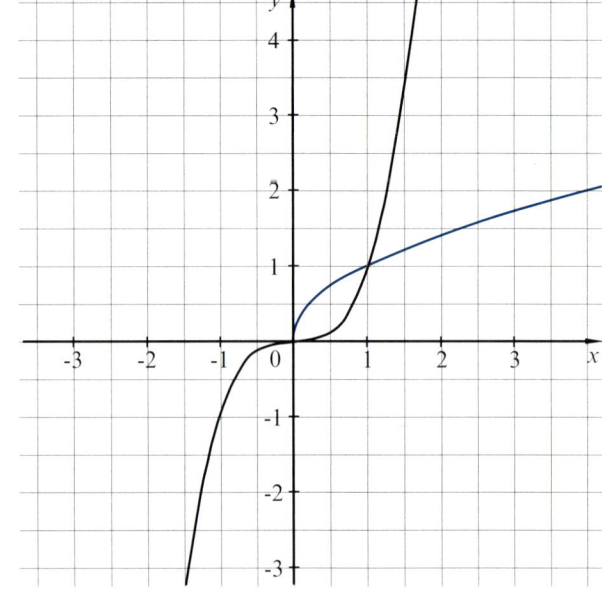

Literaturhinweis: Mathematik in Übersichten S. 35 ff. und S. 94 ff.

Trainiere an komplexeren Aufgaben

Aufgabe 1

Bestimme gegebenenfalls zunächst die einschränkenden Bedingungen dafür, dass der Term definiert ist.
Vereinfache danach.

a) $\left(3{,}57 \cdot \left(\dfrac{9}{5}\right)^5 - 5\right)^0$

b) $\sqrt[3]{121} + \sqrt[4]{256}$

e) $\dfrac{(2r^4 \cdot x^7)^2}{10r^2}$

f) $\dfrac{\sqrt[3]{d}}{\sqrt[3]{d}} + \sqrt[3]{81}$

c) $\sqrt[3]{135} : \sqrt[3]{5}$

d) $5as^{n+1} \cdot 6a^{-2} \cdot s^n, \ n \in \mathbb{N}$

g) $\sqrt[10]{(2st)^{10}}$

h) $x^{\frac{2}{3}} \cdot x^{\frac{4}{3}}$

Aufgabe 2

Gegeben sind folgende Funktionen f, g, h und i mit $y = f(x) = x^2$, $y = g(x) = x^3$, $y = h(x) = x^{\frac{1}{3}}$, $y = i(x) = x^{-3}$.

a) Bestimme jeweils für alle vier Funktionen den Funktionswert y zu den Argumenten 1, −1, 2 und −2.

b) Bestimme jeweils für alle vier Funktionen die Argumente zum Funktionswert $y = 10$.

c) Skizziere die Graphen der Funktionen f, g und h in einem Koordinatensystem.

d) Skizziere den Graphen der Funktion i für $-2 \le x \le 2$.

e) Welche Funktionen haben genau eine Nullstelle. Gib die jeweilige Nullstelle an.

f) Gib den Definitions- und den Wertebereich der Funktionen an.

Aufgabe 3

Gegeben sind die Funktionen f, g, h, j und k mit $y = f(x) = x^4$, $y = g(x) = x^5$, $y = h(x) = x^{-5}$, $y = j(x) = x^{-4}$, $y = k(x) = x^7$.
Bei welchen der angegebenen Funktionen sind folgende Bedingungen erfüllt?

a) Die Funktion ist monoton fallend für alle $x \in \mathbb{R} \setminus \{0\}$.

b) Die Funktion ist monoton fallend für alle $x < 0$ und monoton wachsend für alle $x \ge 0$.

c) Alle Punkte liegen oberhalb der x-Achse.

d) Der Graph ist punktsymmetrisch und enthält den Punkt $P(-2\,|\,-32)$.

e) Der Graph ist punktsymmetrisch zum Koordinatenursprung und die Funktion ist für alle $x \in \mathbb{R}$ monoton wachsend.

f) Der Graph ist symmetrisch zur y-Achse, für $x < 0$ ist die Funktion monoton wachsend und für $x > 0$ ist sie monoton fallend.

Aufgabe 4

Ein einfaches Mischbrot kostete 1992 rund 0,85 €. Der jährliche Preisanstieg liegt seitdem bei ca. 5 %.

a) Stelle für diesen Sachverhalt eine Funktionsgleichung auf, wenn man davon ausgeht, dass der Preisanstieg für die kommenden Jahre gleich bleibt.

b) Wofür stehen die Variablen x und y?

c) Wie teuer wäre dieses Mischbrot im Jahr 2004?

d) Wie viel Euro müsste man im Jahr 2010 für ein Mischbrot bezahlen, wenn man den Preisanstieg von 5 % auch für die kommenden Jahre zugrunde legt?

e) In welchem Jahr kostet ein derartiges Mischbrot rund 1,14 Euro?

f) Wie hoch wäre der jährliche Preisanstieg gewesen, wenn das Mischbrot im Jahr 2004 nur 1,04 € gekostet hätte?

Aufgabe 5

Bestimme jeweils die Lösungsmenge der folgenden Gleichungen.

a) $2^{x+1} = 8$

b) $3x + 9 = 12$

c) $\sqrt{8x + 8} = 2x - 2$

d) $4^{4x-6} = 16$

Bei Berechnungen an geometrischen Objekten ist es sinnvoll Skizzen anzufertigen, um einen Lösungsansatz zu finden. Das Anwenden der Aussagen der Satzgruppe des Pythagoras ebenso wie der Definitionen des Sinus, Kosinus und Tangens eines Winkels ist nur an rechtwinkligen Dreiecken zulässig. Sinus- und Kosinussatz gelten dagegen für beliebige Dreiecke.

Teste deine Grundfertigkeiten

1. Vervollständige die Beschriftung des Dreiecks ABC. Notiere vier Formeln, die entsprechend der Aussagen der Satzgruppe des Pythagoras gelten. Nutze gegebenenfalls das Tafelwerk.

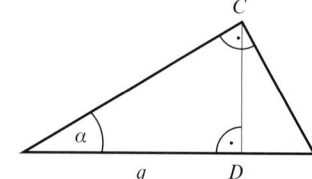

_____

_____

2. Bestimme die Länge der Hypotenuse im Dreieck ABC mit den Kathetenlängen $a = 3$ cm und $b = 4$ cm.

- [A] $c = 5$ cm
- [B] $c = 0,05$ m
- [C] $c = 7$ cm
- [D] $c = 50$ mm

3. Berechne die Längen der blau gezeichneten Strecken.

a)

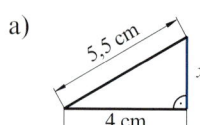

- [A] $x \approx 3,775$ cm
- [B] $x \approx 14,25$ cm
- [C] $x \approx 37,75$ mm
- [D] $x \approx 1,425$ cm

b)

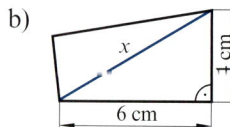

- [A] $x \approx 5,20$ cm
- [B] $x \approx 3,16$ cm
- [C] $x \approx 7,21$ cm
- [D] $x = \sqrt{52}$ cm

c)

- [A] $x \approx 7,5$ m
- [B] $x \approx 5,41$ m
- [C] $x = \sqrt{29,25}$ m
- [D] $x \approx 2,74$ m

4. Markiere die wahren Aussagen. Nutze die Umschaltfunktion zwischen Grad- und Bogenmaß des Taschenrechners. (Lies gegebenenfalls in der Anleitung zum Taschenrechner nach.)

- [A] $\sin 65° \approx 0,91$
- [B] $\cos 0,74\,\pi \approx -0,77$
- [C] $\sin 30° = \dfrac{1}{2}$
- [D] $\tan 3,14 \approx 0$

5. Markiere die richtig aufgestellten Formeln zum Dreieck ABC bei Aufgabe 1. Nutze gegebenenfalls das Tafelwerk.

- [A] $\sin \alpha = \dfrac{a}{c}$
- [B] $\cos \beta = \dfrac{p}{h}$
- [C] $\dfrac{\sin \alpha}{a} = \dfrac{\sin \beta}{b}$
- [D] $\tan \gamma = \dfrac{a}{b}$

6. Vom rechtwinkligen Dreieck ABC sind bekannt: $\gamma = 90°$, $b = 40$ mm und $c = 120$ mm. Bestimme α und β.

- [A] $\alpha \approx 70,53°$
- [B] $\alpha \approx 65,38°$
- [C] $\beta \approx 24,62°$
- [D] $\beta \approx 19,47°$

7. Vom rechtwinkligen Dreieck ABC sind bekannt: $\gamma = 90°$, $\alpha = 25,6°$ und $c = 8,93$ cm. Bestimme a.

- [A] $a \approx 0,39$ dm
- [B] $a \approx 3,86$ cm
- [C] $a \approx 6,58$ cm
- [D] $a \approx 65,8$ mm

8. Von einem <u>beliebigen</u> Dreieck ABC sind bekannt: $a = 5$ cm, $b = 6$ cm, $c = 8$ cm und $\alpha = 38,62°$. Bestimme β und γ.

- [A] $\gamma \approx 92,87°$
- [B] $\beta \approx 48,50°$
- [C] $\beta \approx 92,88°$
- [D] $\gamma \approx 48,51°$

9. Von einem <u>beliebigen</u> Dreieck ABC sind bekannt: $a = 9$ cm, $b = 9$ cm und $\gamma = 60°$. Bestimme c.

- [A] $c = 9$ cm
- [B] $c = 14,25$ cm
- [C] $c = 90$ mm
- [D] $c = 1,425$ cm

8 bis 9 Aufgaben sind richtig. Deine Grundfertigkeiten sind gut.
6 bis 7 Aufgaben sind richtig. Deine Grundfertigkeiten sind befriedigend.
Weniger als 6 Aufgaben sind richtig. Deine Grundfertigkeiten sind noch nicht ausreichend.

Literaturhinweis: Mathematik in Übersichten S. 149 ff. und S. 155 ff.

Trainiere an komplexeren Aufgaben

Aufgabe 1

Ergänze die Tabellen. Nutze den Taschenrechner.

a)

α in Grad	45	90	135			
α in rad				0,33	–1,6	4,6

b)

α in Grad	45	60	75			
$\cos \alpha$				0,3	–0,6	0,7

Aufgabe 2

Löse die folgenden Aufgaben zu Sinusfunktionen.

a) Gegeben sind die Gleichungen der Funktionen f und g mit $y = f(x) = \sin x$ und $y = g(x) = 2 \sin x$.
Ergänze die Wertetabellen.

x	0°	45°	90°	135°	180°	270°	360°
$\sin x$							

x	0°	45°	90°	135°	180°	270°	360°
$2 \sin x$							

b) Skizziere mithilfe der Wertetabellen die Graphen der Funktionen f und g. (Wähle einen Abstand von 2 cm für je 45° auf der x-Achse. Auf der y-Achse soll eine Einheit 2 cm lang sein.)

c) Gib die Nullstellen von f und g im Intervall $0 \le x \le 360°$ an.

d) Gib jeweils den Wertebereich und den Definitionsbereich von f und g an.

e) Gib die Länge der Periode der beiden Funktionen an.

f) Gib die Koordinaten der Schnittpunkte der Graphen der Funktionen f und k mit $y = f(x) = \sin x$ und $y = k(x) = \cos x$ im Intervall $\pi \le x \le 2\pi$ an.

Aufgabe 3

Ermittle alle x-Werte mit $0 \le x \le 360°$ die folgende Bedingungen erfüllen.

a) $\sin x = -0,6$ b) $\sin x = 0,4$ e) $\tan x = -0,3$ f) $\tan x = 5,8$

c) $\cos x = -0,2$ d) $\cos x = 0,7$ g) $\sin x = 5,6$ h) $\cos x = 5,4$

Aufgabe 4

Löse die Sachaufgaben. (Hinweis: Zeichne geeignete Skizzen und kennzeichne die gegebenen und gesuchten Größen.)

a) Ingrid liest auf einem Verkehrsschild: „Anstieg 12 %". Frauke erklärt ihr, dass auf 100 m waagerechter Entfernung die Höhe um 12 m steigt. Bestimme den Anstiegswinkel.

b) Beim Bau der skizzierten Brücke werden zum Abstützen Balken mit einer Länge von je 2 m verarbeitet. Aus statischen Gründen beträgt der Winkel α zwischen der Horizontalen und dem Balken 41,4°.
Bestimme die Länge d der skizzierten Brücke.

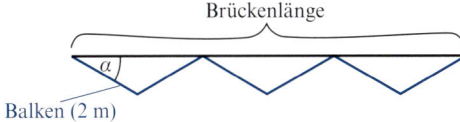

Brückenlänge

Balken (2 m)

c) Klaus hat bei einer Seilbahnfahrt an der Talstation folgende Durchschnittsangaben gefunden: Geschwindigkeit der Seilbahn: 2 m/s; Anstiegswinkel: 20°; Fahrtdauer: 10 min.
Berechne den Weg, den die Seilbahn zurücklegt. Welcher Höhenunterschied wird dabei überwunden?

d) Zwischen zwei Punkten A und B liegt ein Fischteich durch den nach dem Ablassen des Wassers ein Kabel verlegt werden soll. Es ist notwendig die Entfernung zu bestimmen, während noch Wasser im Teich ist. Daher bestimmt die Firma von einem außenliegenden Punkt C den Abstand $\overline{CB} = 480$ m, den Abstand $\overline{CA} = 620$ m und den Winkel zwischen beiden Abstandslinien $\gamma = 45,5°$.
Ermittle aus diesen Angaben den Abstand $\overline{AB}$.

Aufgabe 5

Berechne jeweils die fehlenden Seiten und Winkel der Dreiecke ABC.
(Hinweis: Kennzeichne die gegebenen und gesuchten Größen in entsprechenden Skizzen.)
Konstruiere zur Kontrolle die Dreiecke in einem geeigneten Maßstab aus den gegebenen Stücken.

a) Dreieck ABC ist rechtwinklig ($\gamma = 90°$).
    (1) $a = 6$ cm; $b = 8$ cm
    (2) $c = 9$ mm; $a = 7$ mm
    (3) $\alpha = 35°$; $c = 12$ m
    (4) $\beta = 65°$; $b = 7$ km

b) Dreieck ABC ist nicht rechtwinklig.
    (1) $a = 6$ cm; $b = 8$ cm; $\gamma = 50°$
    (2) $c = 9$ mm; $a = 7$ mm; $\alpha = 40°$ (!)
    (3) $\alpha = 35°$; $c = 12$ m; $\beta = 60°$
    (4) $\beta = 65°$; $b = 7$ km; $\gamma = 36°$

Aufgabe 6

Die Elektrofirma Schmidt schließt an einer Außenleuchte einen Infrarot-Bewegungsmelder an. Der Bewegungsmelder wird in einer Höhe von 2 m am Bürogebäude angebracht. Dieser schaltet die Lampe ein, wenn man sich ihr nähert.

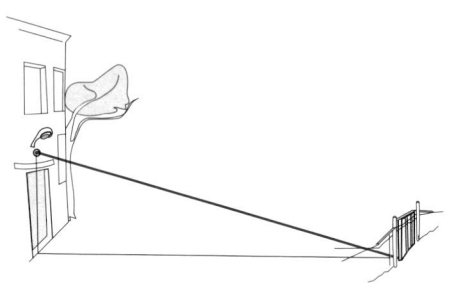

a) Wie groß muss der Neigungswinkel zur Vertikalen sein, damit die Lampe angeht, wenn man das 5 m vom Bürogebäude entfernte Tor öffnet?
b) Berechne bei welcher Entfernung vom Gebäude die Lampe angeht, wenn der Neigungswinkel zur Vertikalen 52° beträgt.
c) Bei welcher Entfernung vom Gebäude wird die Lampe angehen, wenn der Neigungswinkel 52° beträgt und der Bewegungsmelder in einer Höhe von 1,80 m angebracht ist?

Aufgabe 7

Löse die folgenden Sachaufgaben.

a) Eine Leiter ist 2 m lang. Der Winkel zwischen Boden und Leiter beträgt 75°.
Bis zu welcher Höhe reicht die Leiter?
b) Der Fernsehturm in Berlin ist rund 370 m hoch.
Berechne, in welcher Entfernung vom Turm dieser unter einem Höhenwinkel von 50° erscheint.
c) Kann man aus einem kreisrunden Tischtuch mit einem Durchmesser von 150 cm ein rechteckiges Tischtuch mit einer Länge von 130 cm und einer Breite von 85 cm herausschneiden? Begründe mithilfe einer Rechnung.

d) Frau Mayer bekam ein Gemälde geschenkt. Sie möchte es im Wohnzimmer an einem Haken befestigen.
Das Gemälde hat eine Breite von 1,20 m und eine Höhe von 0,50 m. An den oberen Eckpunkten ist eine 1,40 m lange Schnur angebracht.
In welcher Höhe muss Frau Mayer den Haken anbringen, damit die Unterkante des Bildes 1,50 m über dem Fußboden ist?

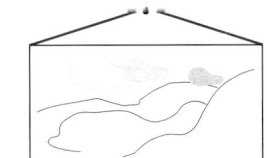

Aufgabe 8

Birgit möchte eine gerade quadratische Pyramide basteln. Sie zeichnet ein Netz dieses Körpers.
Die Seitenlänge a der Grundfläche beträgt 5 cm und die Höhe h_s der Seitenfläche 6 cm.

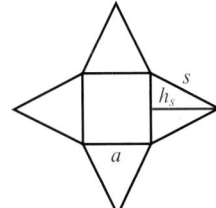

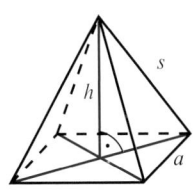

a) Berechne den Flächeninhalt einer Seitenfläche.
b) Bestimme die Länge der Kante s.
c) Welche Höhe h hat die fertig gebastelte Pyramide?

Aufgabe 9

In einem Freizeitpark soll ein Fahnenmast mit einer Gesamthöhe von 33 m in $\frac{2}{3}$ seiner Höhe durch vier Seile zusätzlich befestigt werden. Die Seile werden am Boden 10 m vom Mast entfernt verankert.

a) Bestimme die Länge jedes Seils und die Gesamtlänge der Seile.

b) Wie viel Meter Seil müssen gekauft werden, wenn für die Befestigungen 5 % der Länge zusätzlich benötigt werden?

c) Die Fläche zwischen den Verankerungen soll begrünt werden.
Für wie viel Quadratmeter muss mindestens Grassamen gekauft werden, wenn die Fußanker der Abspannseile die Ecken eines Quadrates sind?

Aufgabe 10

Bei der Planung einer Wanderroute wird diskutiert, welcher von zwei Wegen von der Jugendherberge zur Gaststätte entlang des Sees kürzer ist. In der abgebildeten nicht maßstabsgetreuen Zeichnung wurden die wesentlichen Angaben eingetragen. Zur Vereinfachung wurde angenommen, dass alle Wege geradlinig sind und die Punkte A, E und C auf einer Geraden liegen.

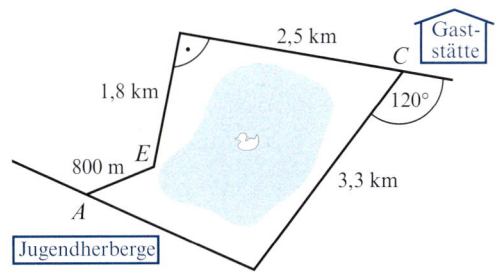

a) Berechne die Weglängen und gib diese mit sinnvoller Genauigkeit an. Welcher Weg ist kürzer?

b) Die Durchschnittsgeschwindigkeit beim Wandern beträgt rund $4 \frac{\text{km}}{\text{h}}$.
Wie lange würde eine Wanderung einmal um den See etwa dauern?

Aufgabe 11

Burkhard hat bei ornithologischen Beobachtungen (Ornithologie [griechisch] $\cong$ Vogelkunde) eine Nisthöhle in einem Baumstamm entdeckt. Zur Bestimmung der Höhe der Nisthöhle darf er sich dem Baum nicht zu weit nähern, da die Vögel in der Brutphase sind.
Er bestimmt deshalb den Höhenwinkel $\alpha = 15°$, nähert sich dem Baum um $x = 10$ m und ermittelt den neuen Höhenwinkel $\beta = 25°$. Seine Skizze verdeutlicht dies.

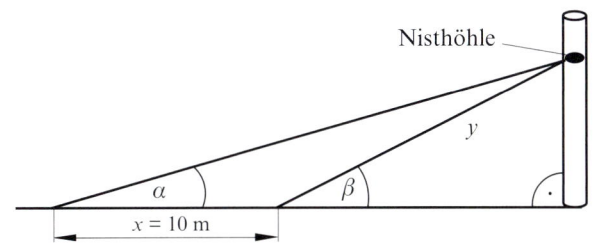

a) Berechne die Höhe der Nisthöhle über dem Erdboden. Bestimme dazu zunächst die Länge der Strecke y.

b) Wie weit war Burkhard bei seiner ersten Messung vom Baumstamm entfernt?

Aufgabe 12

Familie Müller-Heinrich beabsichtigt das skizzierte Grundstück zu erwerben.

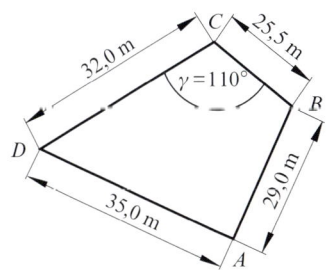

a) Bestimme den Flächeninhalt des Grundstücks.

b) Welcher Kaufpreis ist zu entrichten, wenn der unerschlossene Quadratmeter Bauland in dieser Gegend für 65 € verkauft wird?

Vermessungen und Berechnungen an geometrischen Figuren (Dreiecken, Vierecken, …) hatten schon im Altertum eine große Bedeutung. Diese ergaben sich aus praktischen Bedürfnissen zum Beispiel bei Feldvermessungen oder bei der Errichtung von Bauwerken. Überall im täglichen Leben gibt es Objekte, die näherungsweise ebene geometrische Figuren sind.

Teste deine Grundfertigkeiten

1. Gegeben ist das Rechteck $MNOP$.
a) Bestimme dessen Flächeninhalt A.
b) Bestimme dessen Umfang u.

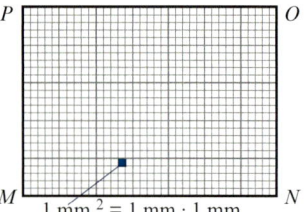

1 mm² = 1 mm · 1 mm

a)
A $A = 875\,\mathrm{mm^2}$ B $A = 8{,}75\,\mathrm{cm^2}$
C $A = 8{,}75 \cdot 10^{-3}\,\mathrm{dm^2}$ D $A = 8{,}75 \cdot 10^{-4}\,\mathrm{m^2}$

b)
A $u = 120\,\mathrm{mm}$ B $u = 12\,\mathrm{cm}$
C $u = 1{,}2\,\mathrm{m}$ D $u = 0{,}00012\,\mathrm{km}$

2. Berechne den Flächeninhalt A eines Kreisringes mit den Radien $r_1 = 2{,}5\,\mathrm{cm}$ und $r_2 = 1{,}3\,\mathrm{cm}$.
Du kannst dazu die Formel aus dem Tafelwerk nutzen.

A $A \approx 3{,}77\,\mathrm{cm^2}$ B $A = 4{,}56 \cdot \pi\,\mathrm{cm^2}$
C $A \approx 14{,}33\,\mathrm{cm^2}$ D $A \approx 9{,}68\,\mathrm{cm^2}$

3. Berechne die blau markierten Winkel.

a) 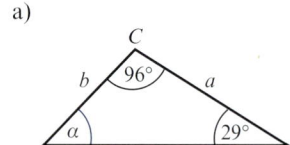   b)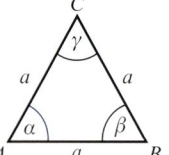

a)
A $\alpha = 151°$ B $\alpha = 29°$
C $\alpha = 180° - 96° - 29°$ D $\alpha = 55°$

b)
A $\alpha = 45°$ B $\alpha = 60°$
C $\alpha = 180° : 3$ D $\alpha = 90°$

4. Berechne die Größe des Winkels β.

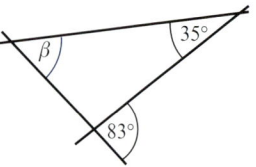

A $\beta = 35°$ B $\beta = 55°$
C $\beta = 83°$ D $\beta = 48°$

5. Berechne die Größe des Winkels α.

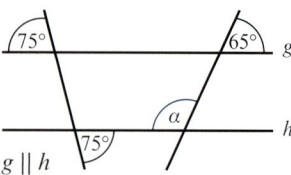

$g \parallel h$

A $\alpha = 65°$ B $\alpha = 75°$
C $\alpha = 115°$ D $\alpha = 135°$

6. In dem Kreis mit dem Mittelpunkt M hat der Winkel β die Größe $67°$. Wie groß ist α?

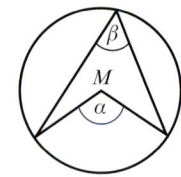

A $\alpha = 134°$ B $\alpha = 67°$
C $\alpha = 144°$ D $\alpha = 100°$

7. Berechne die Länge der Strecke $\overline{CD}$, wenn $\overline{ZA} = 4{,}2\,\mathrm{cm}$, $\overline{ZC} = 3{,}5\,\mathrm{cm}$, $\overline{ZB} = 7{,}8\,\mathrm{cm}$ gilt.

$AC \parallel BD$

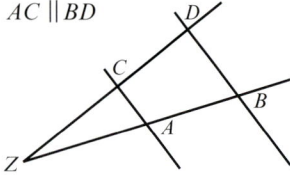

A $\overline{CD} = 3{,}2\,\mathrm{cm}$ B $\overline{CD} = 3{,}6\,\mathrm{cm}$
C $\overline{CD} = 3{,}0\,\mathrm{cm}$ D $\overline{CD} = 3{,}4\,\mathrm{cm}$

8. Welche der folgenden Eigenschaften treffen auf Dreieck ZAC und Dreieck ZBD aus Aufgabe 7 zu?

A Sie sind kongruent.   B Sie sind ähnlich.
C Sie sind flächengleich.   D Sie sind gleichseitig.

9. Welche der Figuren sind (immer) Parallelogramme?

A Quadrate   B Drachenvierecke
C Rhomben   D Trapeze

10. Die Länge der Originalstrecke beträgt 8 km. Die Länge der Bildstrecke beträgt 4 cm. Gib den Maßstab an.

A $1 : 200\,000$ B $200\,000 : 1$
C $800\,000 : 2$ D $8 : 400\,000$

---

8 bis 10 Aufgaben sind richtig. Deine Grundfertigkeiten sind gut.
6 bis 7 Aufgaben sind richtig. Deine Grundfertigkeiten sind befriedigend.
Weniger als 6 Aufgaben sind richtig. Deine Grundfertigkeiten sind noch nicht ausreichend.

Literaturhinweis: Mathematik in Übersichten S. 101 ff. und S. 141 ff.

Trainiere an komplexeren Aufgaben

Aufgabe 1

Von einem rechteckigen Sportplatz $ABCD$ sind die Diagonale $\overline{AC} = 125$ m und die Seite $\overline{BC} = 75$ m bekannt.

a) Zeichne zuerst eine Skizze und konstruiere danach das Rechteck $ABCD$ im Maßstab 1 : 1000 aus den gegebenen Werten.

b) Berechne die Länge der Rechteckseite $\overline{AB}$.

c) Der rechteckige Sportplatz soll mit einem hohen Zaun eingezäunt werden. Alle 5 Meter werden dafür Zaunpfeiler benötigt. Wie viele Zaunpfeiler sind zu setzen?

d) Gib den Flächeninhalt des rechteckigen Sportplatzes in Hektar an.

e) Ein anderer Sportplatz hat den gleichen Flächeninhalt, ist jedoch quadratisch.
Welche Seitenlänge hat er?

Aufgabe 2

Ein Terrassenzimmer mit Kamin soll mit Marmorfliesen ausgelegt werden.
Die Fliesen sind quadratisch mit einer Seitenlänge von 35 cm. Ein Quadratmeter Marmorfliesen kostet 36,50 €.

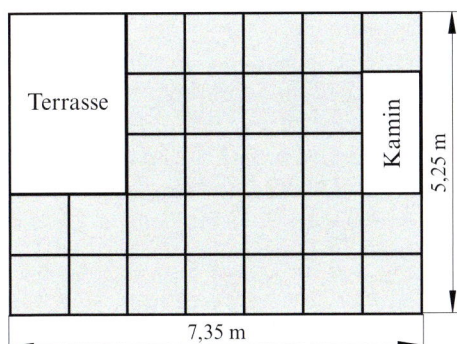

a) Bestimme mithilfe der kongruenten Quadrate in der Skizze die Größen der Flächen, die die Terrasse und der Kamin einnehmen.

b) Berechne den Flächeninhalt des farbig dargestellten Anteils des Zimmers, der mit Fliesen ausgelegt werden soll.

c) Wie viele Fliesen benötigt der Eigentümer für dieses Vorhaben mindestens?

d) Mit welchen Kosten für die Marmorfliesen muss mindestens gerechnet werden?

Aufgabe 3

Das Viereck $ABCD$ ist ein Parallelogramm.

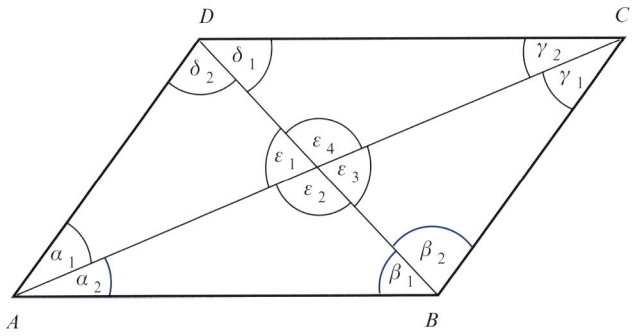

a) Gib alle Winkelpaare an, die Scheitelwinkel, Nebenwinkel oder Wechselwinkel sind.

b) Welche Winkel sind gleich groß?

c) Welche Winkel eines Paares ergeben zusammen 180°?

d) Es sei $\alpha_2 = 20°$, $\beta_1 = 50°$ und $\beta_2 = 80°$.
Berechne alle anderen Winkelgrößen.

Aufgabe 4

Das Parallelogramm $ABCD$ ist durch den Innenwinkel $\alpha = 62°$ sowie die Seiten a = 6,4 cm und b = 4,2 cm gegeben.

a) Konstruiere das Parallelogramm $ABCD$ aus den gegebenen Stücken.

b) Berechne den Flächeninhalt A des Parallelogramms und gib ihn in Quadratdezimeter an.

c) Berechne den Umfang u und gib ihn in Dezimeter an.

d) Berechne die Längen der Diagonalen.

Aufgabe 5

Das Viereck $ABCD$ ist ein gleichschenkliges Trapez, dessen Eckpunkte auf einem Kreis mit dem Durchmesser $\overline{AB}$ liegen. Es seien $\overline{AB} = 9$ cm und $\alpha = 30°$.

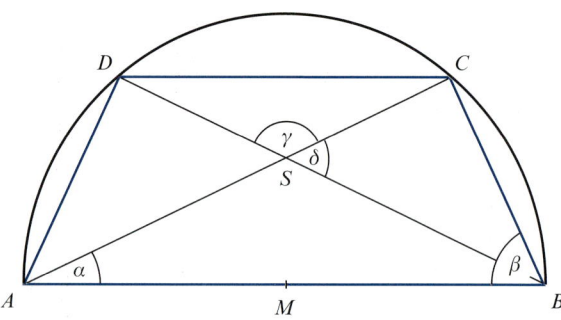

a) Bestimme mithilfe von Rechnungen die Größe der Winkel β, γ und δ.
b) Bestimme die Länge der Strecke $\overline{CD}$.
c) Berechne den Umfang u und den Flächeninhalt A des Trapezes.
d) Zerlegen die Diagonalen das Trapez in ähnliche Dreiecke? Begründe deine Antwort.
e) Konstruiere das Trapez $ABCD$.

Aufgabe 6

Die folgenden Figuren entstanden aus Quadraten mit der Seitenlänge a und Kreisen, dessen Durchmesser d so lang wie a ist.

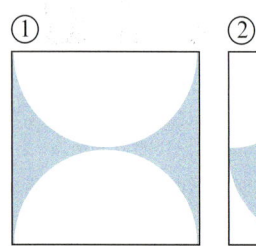 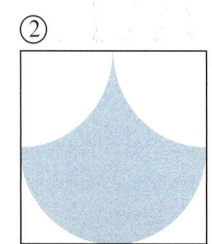 

a) Zeichne die Figuren.
b) Berechne den Flächeninhalt des blauen Anteils in jeder Figur, wenn der Durchmesser $d = 5$ cm und die Seitenlänge $a = 5$ cm betragen.
c) Wie viel Prozent vom Flächeninhalt des jeweiligen Quadrates sind blau gefärbt?

Aufgabe 7

In einem rechtwinkligen Koordinatensystem ist das Viereck $ABCD$ und die Strecke $\overline{EF}$ gegeben.
Das Viereck hat die Eckpunkte $A(-4\,|\,1)$, $B(-2\,|\,1)$, $C(-1,5\,|\,3)$ und $D(-3,5\,|\,4)$.
Die Strecke $\overline{EF}$ wird durch die Punkte $E(1\,|\,1)$ und $F(4\,|\,2)$ festgelegt.

a) Zeichne das Viereck $ABCD$ und die Strecke $\overline{EF}$ in ein Koordinatensystem.
b) Berechne den Umfang des Vierecks $ABCD$.
c) Berechne den Flächeninhalt des Vierecks $ABCD$.

d) Bestimme die Koordinaten des Viereckes $A'B'C'D'$, das bei der Verschiebung vom Viereck $ABCD$ um $\overline{EF}$ entsteht.

Aufgabe 8

Um die Breite eines Flusses zu bestimmen, wurde im Gelände die abgebildete Figur $ABEF$ abgesteckt und der Punkt C angepeilt.
Die bekannten Streckenlängen sind: $\overline{AF} = 55$ m; $\overline{BE} = 30$ m; $\overline{FE} = 45$ m; $\overline{DE} = 15$ m.

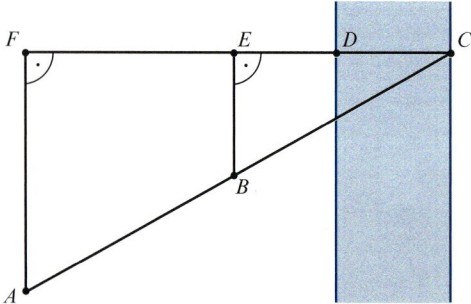

a) Ermittle die Flussbreite zeichnerisch. Verwende dazu einen geeigneten Maßstab.
b) Berechne die Breite des Flusses unter Verwendung der gegebenen Streckenlängen.

Aufgabe 9

Einem Quadrat mit der Seitenlänge $a = 10$ cm sind ein Kreis und ein gleichschenkliges Dreieck einbeschrieben.
Der Kreis berührt alle Seiten des Quadrates.
Die Basis des gleichschenkligen Dreiecks ist eine Seite des Quadrates und der Schnittpunkt der Schenkel liegt auf der gegenüberliegenden Seite des Quadrates.

a) Gib jeweils einen Term zur Berechnung des Flächeninhalts des Quadrates A_Q, des Kreises A_K und des Dreiecks A_D in Abhängigkeit von a an.
Berechne die Flächeninhalte.

b) Jens behauptet, für die Flächeninhalte gilt:
$A_Q : A_K = 4 : \pi$ und $A_K : A_D = \pi : 2$. Hat Jens recht?
Begründe mithilfe entsprechender Termumformungen.

c) Gib jeweils einen Term zur Berechnung des Umfangs des Quadrates u_Q, des Kreises u_K und des Dreiecks u_D in Abhängigkeit von a an und berechne diesen.
Welches Verhältnis gilt jeweils für $u_Q : u_K$ und $u_K : u_D$?

Aufgabe 10

Firma Schuster soll ein Fliesenmuster aus gleichseitigen Dreiecken und regelmäßigen Sechsecken legen.
Zur Veranschaulichung für den Kunden wurde das abgebildete gleichseitige Dreieck als Muster mit einer Seitenlänge von 14 cm angefertigt.

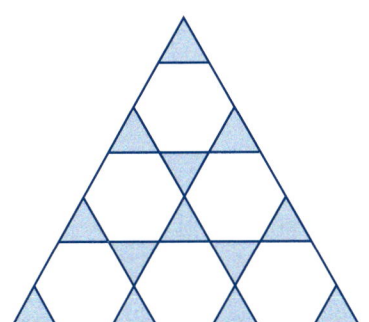

a) Berechne die Summe der Flächeninhalte aller abgebildeten blauen Teildreiecke im Muster.

b) Berechne die Summe der Flächeninhalte aller weißen Sechsecke im Muster.

c) Die Detailansicht ist im Original ein Quadratmeter groß.
In welchem Maßstab wurde die Detailzeichnung angefertigt, wenn das abgebildete gleichseitige Dreieck eine Seitenlänge von 14 cm hat?

Aufgabe 11

Sechs zylindrische Rohre mit einem Außendurchmesser von 50 cm werden wie abgebildet übereinander gestapelt.

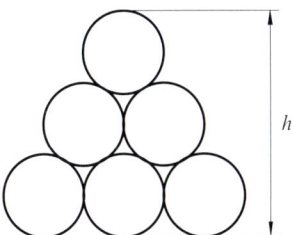

a) Fertige eine maßstäbliche Zeichnung an.

b) Ermittle die Höhe h aus der Zeichnung.

c) Ermittle mithilfe einer Rechnung die Höhe h des Rohrstapels und gib diese in Dezimeter an.

d) Welchen Durchmesser haben die Rohre, wenn die Höhe des Stapels $h = 1,23$ m beträgt?

Aufgabe 12

Tischlerei Jenka soll aus einem zylinderförmigen Holzstück mit einem Durchmesser von 60 cm einen quaderförmigen Balken anfertigen. Vier Schnitte sind dazu notwendig.
Der Kunde fordert, dass die Lote von zwei gegenüberliegenden Eckpunkten des rechteckigen Quaderquerschnitts auf eine Diagonale des Rechtecks diese in drei gleichlange Strecken teilen.

a) Fertige eine maßstabsgetreue Zeichnung des Querschnitts des Holzzylinder mit dem beschriebenen Rechteck an.

b) Berechne die Seitenlängen des Rechtecks.

c) Wie viel Prozent des Zylinders wird bei der Anfertigung des Quaders zu Abfall?

Geometrische Körper werden oft zum Beschreiben realer Körper genutzt. Eine Litfaßsäule und ein runder Käse können beispielsweise vereinfacht als Kreiszylinder aufgefasst werden. Bei den Berechnungen des Oberflächeninhalts, des Volumens, … können Formeln angewandt werden. Suche entsprechende Formeln für die folgenden Aufgaben selbstständig im Tafelwerk.

Teste deine Grundfertigkeiten

1. Wie viel Wasser kann man in einen Würfel mit 1 dm Kantenlänge füllen?

   A $0,1\,dm^3$ B $1\,l$
   C $0,01\,hl$ D $1000\,cm^3$

2. Ein neues Aquarium aus dünnem Spezialglas hat eine Länge a von 60 cm, eine Breite b von 5 dm und eine Höhe h von 300 mm.
   Dieses wird zunächst nur zu zwei Dritteln mit Wasser gefüllt.
   Wie viel Wasser enthält dieses Aquarium danach?

   A $V_W \approx 90\,000\,cm^3$ B $V_W \approx 9 \cdot 10^4\,ml$
   C $V_W \approx 60\,ml$ D $V_W \approx 60\,000\,cm^3$

3. Berechne das Volumen V eines geraden Kreiskegels mit der Höhe $h = 4$ cm und dem Radius $r = 3$ cm.
   Nutze die Formel aus dem Tafelwerk.

   A $V \approx 37,70\,cm^3$ B $V \approx 113,10\,cm^3$
   C $V \approx 0,04\,cm^3$ D $V \approx 1,13\,cm^3$

4. Berechne das Volumen V eines Kreiskegelstumpfes mit den Radien $r_1 = 3$ cm und $r_2 = 2$ cm.
   Die Höhe h beträgt 34 mm.

   A $V \approx 202,95\,cm^3$ B $V \approx 21,25\,cm^3$
   C $V \approx 65,34\,cm^3$ D $V \approx 67,65\,cm^3$

5. Gold hat eine Dichte von $19,3\ \frac{g}{cm^3}$.
   Welche der kreisrunden Münzen mit den folgenden Massen m sowie einem Durchmesser von 2,4 cm und einer Dicke von 2 mm könnten aus Gold bestehen.

   A $m \approx 0,17\,kg$ B $m \approx 17462\,mg$
   C $m \approx 1,75\,g$ D $m \approx 17,5\,g$

6. Berechne den Flächeninhalt A_M des Mantels eines geraden Kreiszylinders mit dem Radius r von 2 cm und der Höhe h von 8 cm.

   A $A_M \approx 32,00\,cm^2$ B $A_M \approx 100,53\,cm^2$
   C $A_M \approx 45,36\,cm^2$ D $A_M \approx 120,78\,cm^2$

7. Bestimme den Oberflächeninhalt A_O einer geraden Pyramide mit Seitenkanten von 5 cm, deren Grundfläche ein Quadrat mit 6 cm Seitenlänge ist.

   A $A_O = 48\,cm^3$ B $A_O = 36\,cm^2 + 4 \cdot 12\,cm^2$
   C $A_O = 84\,cm^3$ D $A_O = 48\,cm^2$

8. Ein gerader quadratischer Pyramidenstumpf ist 4,5 cm hoch. Grund- und Deckfläche sind Quadrate mit den Seitenlängen 6,2 cm bzw. 3,4 cm.
   Berechne das Volumen V des Pyramidenstumpfes.

   A $V = 106,62\,cm^3$ B $V \approx 140\,540\,mm^3$
   C $V \approx 0,90\,dm^3$ D $V \approx 157,24\,cm^3$

9. Bestimme die Länge der Raumdiagonalen e eines Quaders mit den Kantenlängen: 3 cm, 4 cm und 5 cm.

   A $e \approx 7,07\,cm$ B $e \approx 70,71\,mm$
   C $e \approx 44,00\,cm$ D $e \approx 44,00\,mm$

10. Mit welcher Zahl muss man das Volumen einer Kugel multiplizieren, um das Volumen einer Kugel mit doppeltem Radius zu erhalten.

    A 2 B 4
    C 6 D 8

11. Welche Körpernetze der folgenden Körper setzen sich (immer) aus genau sechs Flächen zusammen?

    A Quader B Pyramidenstümpfe
    C Prismen D fünfseitige Pyramiden

12. Welche der folgenden Körper könnten zum gegebenen Zweitafelbild gehören?

    A Kreiskegel
    B gerades Prisma
    C gerade Pyramide
    D Quader

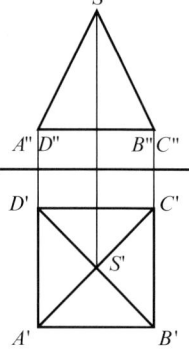

10 bis 12 Aufgaben sind richtig. Deine Grundfertigkeiten sind gut.
7 bis 9 Aufgaben sind richtig. Deine Grundfertigkeiten sind befriedigend.
Weniger als 7 Aufgaben sind richtig. Deine Grundfertigkeiten sind noch nicht ausreichend.

Literaturhinweis: Mathematik in Übersichten S. 169 ff.

Trainiere an komplexeren Aufgaben

Aufgabe 1

Löse folgende Aufgaben.

a) Ein gerades Prisma hat als Grundfläche ein rechtwink-liges Dreieck mit den Katheten $a = 60$ mm und $b = 80$ mm. Die Höhe des Prismas beträgt $h = 100$ mm. Berechne das Volumen V.

b) Ein gerader Kreiszylinder ist 27 cm hoch. Die Grundfläche hat einen Durchmesser von 12 cm. Berechne das Volumen V und den Oberflächeninhalt A_O des Körpers.

c) Eine oben offene zylindrische Regentonne aus grünem Plastik fasst insgesamt 400 Liter Wasser. Sie hat einen Durchmesser von 80 cm. Wie hoch ist die Tonne?

d) Eine Schokoladenkugel hat einen Innendurchmesser von 25 mm. Sie ist zur Hälfte mit Marzipan gefüllt. Welches Volumen nimmt die Marzipanfüllung ein?

Aufgabe 2

Gegeben sind Skizzen zusammengesetzter gerader Körper mit entsprechenden Maßangaben.
Die parallelen Flächen beim Körper (1) sind Quadrate. Die parallelen Flächen beim Körper (2) sind Kreise.

(1)   (2)

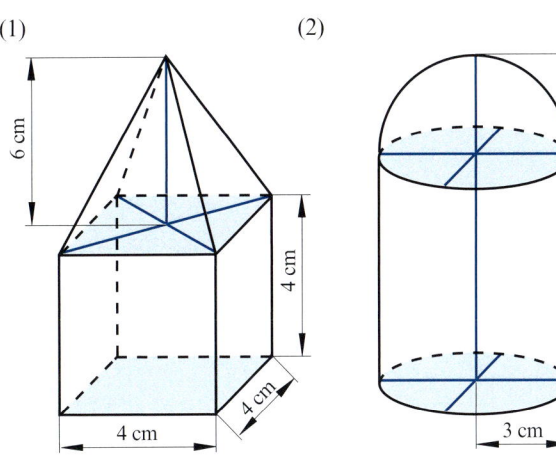

a) Aus welchen Grundkörpern bestehen sie?

b) Berechne das Volumen der zusammengesetzten Körper. Bestimme zuerst die Volumen der Grundkörper.

c) Berechne den Oberflächeninhalt der zusammengesetzten Körper. Bestimme zuerst den Flächeninhalt aller Begrenzungsflächen.

Aufgabe 3

Es stehen die beiden abgebildeten etwa gleich groß erscheinenden Keksverpackungen im Regal.
Beide sind gerade und insgesamt 19 cm hoch. Eine Dose hat eine rechteckige Grundfläche mit Seitenlängen von 10 cm und 8 cm. Die andere hat eine kreisförmige Grundfläche mit einem Durchmesser von 10 cm.
Die beiden aufgesetzten „Deckel" sind jeweils 7 cm hoch.

(1)   (2)

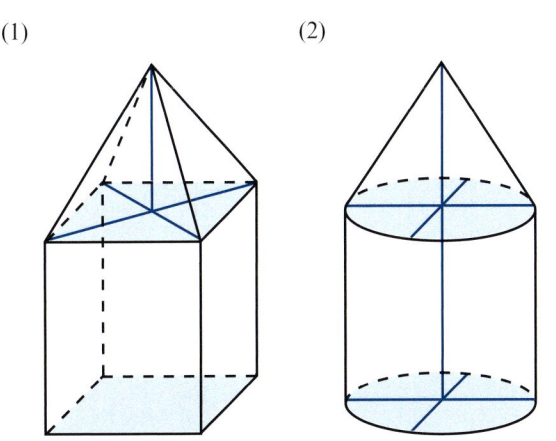

a) Berechne das Volumen der beiden Verpackungen. Um wie viel Prozent ist das Volumen einer Verpackung größer als das der anderen?

b) Welche Kantenlänge müsste jeweils eine würfelförmige Verpackung mit gleich großem Volumen haben?

c) Wie viel kostet die Außenlackierung von je 50 Verpackungen, wenn 1,20 € pro Quadratmeter zu zahlen ist? Die Grundflächen werden nicht lackiert.

Aufgabe 4

Der abgebildete Obelisk setzt sich aus einem geraden quadratischen Pyramidenstumpf, einem Würfel und einer geraden quadratischen Pyramide zusammen. Er soll aus Beton hergestellt werden.

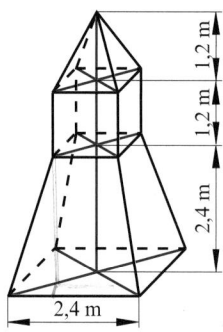

a) Wie viel Kubikmeter Beton müssen mindestens für die Anfertigung des Obelisken bereitgestellt werden?

b) Wie viele Tonnen sollte ein Tieflader mindestens befördern dürfen, um den fertigen Obelisken sicher zu seinem Aufstellungsort bringen zu können? Die Dichte des verwandten Betons beträgt $2,3\,\frac{g}{cm^3}$.

c) Der Obelisk soll außen an den später sichtbaren Flächen mit einem Sprayschutzmittel überzogen werden. Für wie viel Quadratmeter muss Schutzmittel bestellt werden?

Aufgabe 5

Eine Kerze hat die Form einer geraden quadratischen Pyramide mit einer Höhe von 23 cm und einer Kantenlänge von 6 cm an der Grundfläche. Es wird davon ausgegangen, dass beim Abbrennen stets ein gerader Pyramidenstumpf entsteht und dass die Brenndauer proportional zur verbrannten Wachsmasse ist. Nachdem die Kerze sieben Stunden gebrannt hat, ist sie nur noch halb so hoch wie am Anfang.

a) Berechne das Volumen des Wachses, das zur Herstellung der Kerze benötigt wird.

b) Wie viel Kubikzentimeter Wachs sind in sieben Stunden verbrannt?

c) Wie lange kann die Kerze noch brennen, wenn sie bis auf $\frac{1}{3}$ der ursprünglichen Höhe abgebrannt ist?

Aufgabe 6

Ein Blumenkübel aus Beton hat die Form eines geraden Kreiszylinders mit einem Außenradius von 30 cm und einer Höhe von 60 cm. Der für das Einbringen der Blumenerde vorgesehene Innenraum ist auch ein gerader Kreiszylinder. Die Wandstärke von Boden und Seitenwand beträgt 5 cm.

a) Mit wie viel Kubikmetern Erde ist der Blumenkübel vollständig ausgefüllt?

b) Berechne die Masse des leeren Kübels, wenn der verwendete Beton eine Dichte von $2,3\,\frac{g}{cm^3}$ hat.

c) Damit der Betonkübel wasserdicht ist, soll er innen mit einer Schutzschicht überzogen werden. Für wie viel Quadratmeter muss diese Schutzschicht reichen, damit 12 Blumenkübel wasserdicht gemacht werden können.

Aufgabe 7

In der Skizze ist ein Gewächshaus mit Pultdach in Kavalierperspektive (Schrägbild mit $\alpha = 45°$ und $q = \frac{1}{2}$) dargestellt.

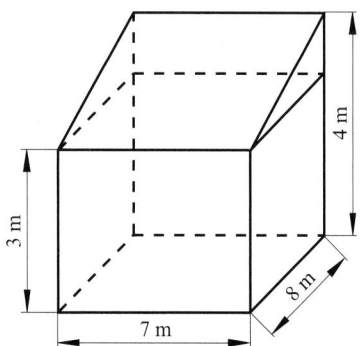

a) Fertige von diesem Haus eine Zeichnung in Zweitafelprojektion im Maßstab 1 : 100 an.

b) Berechne, unter welchem Winkel die Dachfläche gegenüber der Grundfläche geneigt ist.

c) Für einen Quadratmeter Dachfläche benötigt man 46 Glasziegel, jeder kostet 1,20 €. Wie viele Glasziegel sind zu bestellen, wenn 5 % mehr als die eigentlich benötigte Anzahl angefordert werden?

d) Mit welchen Kosten muss der Bauherr für den Einkauf der Glasziegel rechnen?

Aufgabe 8

Ein gerader quadratischer Pyramidenstumpf wurde in Zweitafelprojektion auf einem Gitternetz aus Quadraten dargestellt.

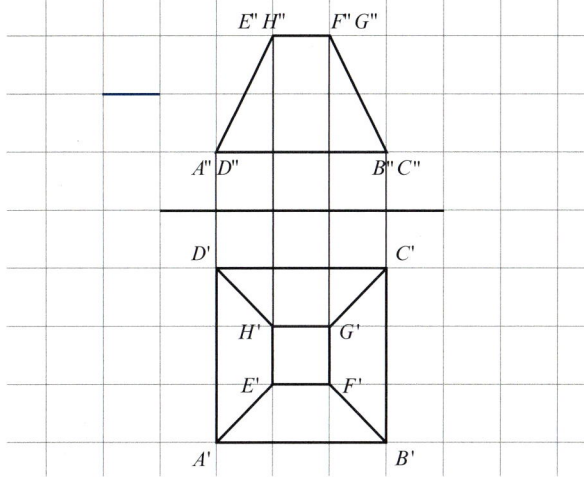

a) Die Länge der blauen Strecke beträgt im Original 3 cm. Gib die Längen der Strecken $\overline{AB}$ und $\overline{EF}$ an.

b) Zeichne den Pyramidenstumpf in Kavalierperspektive. Bezeichne die Eckpunkte.

c) Berechne das Volumen des Pyramidenstumpfes.

d) Berechne den Oberflächeninhalt des Pyramidenstumpfes.

e) Welche Höhe hatte die gerade quadratische Pyramide, aus der dieser Stumpf durch Abschneiden der Spitze entstanden ist?

d) Berechne die wahre Länge der Seitenkante $\overline{AE}$.

f) Berechne den Winkel, unter dem die Kante $\overline{AE}$ gegenüber der Grundfläche $ABCD$ geneigt ist.

Aufgabe 9

Das Netz einer Pyramide ist im Koordinatensystem maßstabsgetreu dargestellt.
Die Seitenlänge des blauen Quadrates entspricht einer Längeneinheit.

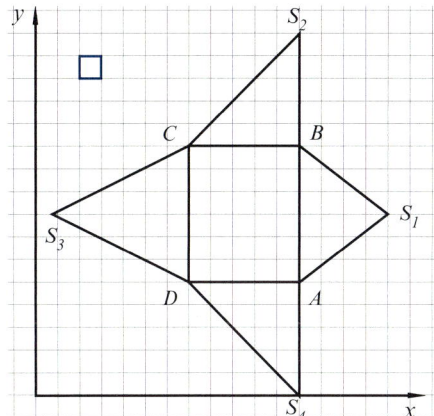

a) Gib mindestens zwei Eigenschaften der Pyramide an, die man anhand der Zeichnung erkennen kann.

b) Zeichne die Pyramide maßstabsgerecht in senkrechter Zweitafelprojektion. Bezeichne die Eckpunkte.

c) Zeichne die Pyramide maßstabsgerecht in Kavalierperspektive. Bezeichne die Eckpunkte.

d) Gib das Volumen der Pyramide in Volumeneinheiten an.

e) Gib den Oberflächeninhalt der Pyramide in Flächeneinheiten an.

Aufgabe 10

Die Kantenlänge a des Würfels beträgt 6 cm. Wird der Würfel wie abgebildet durch die Kantenmittelpunkte K, L, M, N, O, und P zerschnitten, so entsteht als Schnittfläche das blau eingezeichnete regelmäßige Sechseck.

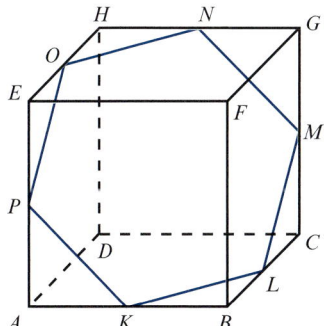

a) Gib das Volumen der beiden Teilkörper an.

b) Berechne den Flächeninhalt des Sechsecks $KLMNOP$.

c) Berechne den Oberflächeninhalt von einem der beiden entstandenen Teilkörper.

Statistische Daten sind Ergebnisse von Untersuchungen. Diese werden oft einerseits in Diagrammen veranschaulicht und andererseits mithilfe verschiedener Kennwerte wie beispielsweise dem arithmetischen Mittel beschrieben. Die verwendeten Begriffe und Formeln findest du im Abschnitt Stochastik in zahlreichen Tafelwerken und anderen Büchern.

Teste deine Grundfertigkeiten

1. Notiere eine Formel zum Berechnen der relativen Häufigkeiten. Nutze gegebenenfalls das Tafelwerk.

_____

2. Bei einer Durchsicht eines Buchmanuskriptes von 878 Seiten wurden die Tippfehler pro Seite notiert. Ergänze in der Tabelle die relativen Häufigkeiten.

Anzahl der Fehler pro Seite	0	1	2	3 und mehr
absolute Häufigkeit	778	83	15	2
relative Häufigkeit				

3. Bei einer Verkehrskontrolle zeigten sich bei 15 von 75 Fahrrädern Mängel an der Beleuchtungsanlage. Gib die relative Häufigkeit der Fahrräder mit Mängel an.

$\boxed{A}$ 0,15 $\boxed{B}$ 0,2

$\boxed{C}$ $\frac{1}{5}$ $\boxed{D}$ 20 %

4. In einer Schule wurden 120 Schüler befragt, wie sie morgens zur Schule gelangen.

Beförderungsmittel	Bus/Bahn	Fahrrad/Moped	zu Fuß
absolute Häufigkeit	40	20	60

Welche Diagramme könnten bei entsprechender Beschriftung diesen Sachverhalt darstellen?

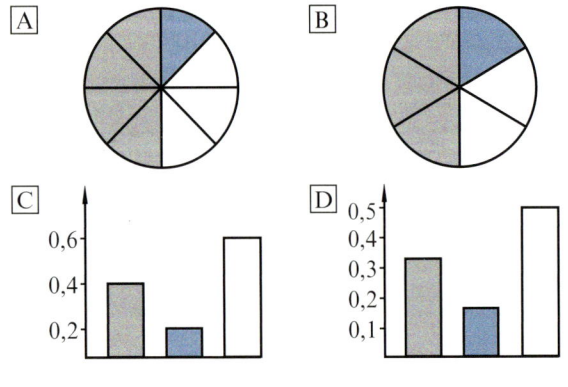

5. Von welchen der angegebenen Datenreihen beträgt das arithmetische Mittel 27,0?

$\boxed{A}$ 29; 28; 27; 26; 25 $\boxed{B}$ 14,2; 38,5; 26,3; 27,9
$\boxed{C}$ 26,95; 28,47; 25,58 $\boxed{D}$ 5; 70; 31; 22; 7

6. Bei einer Stichprobe wurden folgende Werte notiert: 22; 37; 31; 34; 20; 35; 27; 28; 25. Gib zuerst das Minimum und danach das Maximum an.

$\boxed{A}$ 22 und 25 $\boxed{B}$ 20 und 37
$\boxed{C}$ 34 und 22 $\boxed{D}$ 22 und 34

7. Notiere eine Formel zum Berechnen der Spannweite d. Du kannst das Tafelwerk nutzen.

_____

8. Von welchen der folgenden Datenreihen ist die Spannweite 5?

$\boxed{A}$ 1,0; 1,5; 2,0; 2,5; 5,0 $\boxed{B}$ 5; 10; 15; 20
$\boxed{C}$ 12; 13; 14; 15; 16; 17 $\boxed{D}$ 5,0; 5,2; 5,4; 5,6; 5,8

9. Während einer Sportstunde erzielten die Mädchen folgende Sprungweiten in Metern: 3,32; 3,72; 3,44; 3,48; 3,60; 3,42; 3,38; 3,81; 3,50; 3,36. Welche Klasseneinteilungen können bei entsprechender Vervollständigung richtig sein?

$\boxed{A}$ (3,3; 3,4); (3,4; 3,5); ... $\boxed{B}$ [3,3; 3,4); (3,4; 3,5]; ...
$\boxed{C}$ (3,3; 3,4]; (3,2; 3,5); ... $\boxed{D}$ [3,3; 3,4); [3,4; 3,5); ...

10. Welche Klassenmitten gehören zu den Klassen [2; 4) und [3,5; 4,3) an.

$\boxed{A}$ 6 und 8 $\boxed{B}$ 2 und 1,4
$\boxed{C}$ 3 und 4 $\boxed{D}$ 3 und 3,9

11. Welche Begriffe passen zum Thema Daten?

$\boxed{A}$ Urliste $\boxed{B}$ Strichliste
$\boxed{C}$ Stichprobe $\boxed{D}$ Erhebung

---

9 bis 11 Aufgaben sind richtig. Deine Grundfertigkeiten sind gut.
7 bis 8 Aufgaben sind richtig. Deine Grundfertigkeiten sind befriedigend.
Weniger als 7 Aufgaben sind richtig. Deine Grundfertigkeiten sind noch nicht ausreichend.

Literaturhinweis: Mathematik in Übersichten S. 189 ff.

Trainiere an komplexeren Aufgaben

Aufgabe 1

Bei einem Test wurden folgende Ergebnisse der Schüler erfasst.

Punkte	0	1	2	3	4	5	6	7	8	9	10
Anzahl der Schüler	2	0	0	1	2	5	7	8	6	6	3

a) Stelle die Ergebnisse in einem Säulendiagramm dar.
b) Wie viele Punkte hat jeder Teilnehmer im Durchschnitt erreicht?

c) Um wie viel ändert sich die durchschnittliche Punktezahl, wenn man die beiden Ausreißer mit 0 Punkten nicht berücksichtigt?

Aufgabe 2

Bei einer Verkehrszählung wurde die Anzahl der Personen pro PKW in einer Urliste erfasst:

1; 1; 2; 1; 2; 1; 1; 1; 2; 4; 1; 2; 3; 1; 2; 5; 2; 1; 1; 3; 4; 4; 1; 4; 1; 2; 5; 1; 2; 2; 2; 1; 1; 4; 1; 2; 1; 1; 1; 2; 2; 1; 1; 1; 2; 3; 4; 1; 2; 2.

a) Lege eine Häufigkeitstabelle zur beobachteten Anzahl der Personen pro PKW an.
   Trage die absoluten und die relativen Häufigkeiten ein.
b) Veranschauliche die Verteilung in einem Kreisdiagramm und in einem Balkendiagramm.
   Welcher Diagrammtyp erscheint dir zur Veranschaulichung geeigneter? Nenne einen Grund.

c) Wie viele Personen saßen durchschnittlich in einem PKW?
d) Gib die Anzahl der Personen pro PKW an, die am häufigsten auftrat.

Aufgabe 3

Jugendliche einer Altersgruppe wurden nach der Höhe ihres Taschengeldes für einem bestimmten Zeitraum befragt. Die Werte wurden in der folgenden Strichliste zusammengefasst.

Taschengeld in €	5	7	7,50	8	9	10	12	15
Anzahl	//	/	//	///	/	##+	///	//

a) Wie viel Taschengeld erhält jeder der befragten Jugendlichen durchschnittlich?
b) Gib das Maximum und das Minimum an.
c) Wie groß ist die Spannweite des Taschengeldes der befragten Jugendlichen?

d) Gib zwei weitere Taschengeldbeträge so an, dass danach das arithmetische Mittel aller Werte 10,00 Euro beträgt.
e) Gib eine Klasseneinteilung in drei Klassen mithilfe von Intervallen und Klassenmitten an.

Aufgabe 4

Eine Gärtnerei bietet Packungen Krokuszwiebeln zu 80 Stück an. Jede Packung enthält 12,5 % weiß blühende,

25 % gelb blühende, ca. $33\frac{1}{3}$ % violett blühende Krokusse. Der Rest der Krokusse dieser Packungen blüht orange.

a) Eine Marktanalyse ergab folgende Verkaufspreise.

Gärtnerei	A	B	C	D	E
Preis in €	7,99	7,35	7,49	9,99	8,00

Ermittle das arithmetische Mittel und die Spannweite.

b) Ermittle die Anzahl der Zwiebeln pro Packung, die weiß, gelb, violett oder orange blühen.
c) Wie viele weiße, gelbe, violette und orange Krokusse wären bei gleicher prozentualer Verteilung in einer 500er Packung?

Wahrscheinlichkeitsrechnung und Statistik sind Teilgebiete der Mathematik, die in zahlreichen Anwendungsgebieten eine große Bedeutung besitzen. Sie sind beispielsweise für Wettervorhersagen wichtig. Die Wahrscheinlichkeitsrechnung befasst sich vor allen Dingen damit, das Zufällige, also das Unberechenbare, in gewisser Weise doch berechenbar zu machen.

Teste deine Grundfertigkeiten

1. Notiere eine Formel zum Bestimmen der klassischen Wahrscheinlichkeit.
   Nutze gegebenenfalls das Tafelwerk.

   _____

2. Gib die Ergebnismengen beim Würfeln mit einem regulären Würfel (Laplace-Würfel) an.

   A $\Omega = \{1; 2; 3; 4; 5; 6\}$ B $\Omega = \{1; 2; 4; 4; 5; 6\}$
   C $\Omega = \{6; 3; 5; 2; 4; 1\}$ D $\Omega = \{1; 2; 3; 5; 6\}$

3. Ein Laplace-Würfel wird einmal geworfen.
   Mit welcher Wahrscheinlichkeit fällt eine Zahl, die kleiner als 4 ist?

   A $\frac{2}{3}$ B $\frac{1}{2}$

   C $0,5$ D $\frac{1}{3}$

4. Zwei Laplace-Würfel werden auf einmal geworfen.
   Mit welcher Wahrscheinlichkeit fällt ein Pasch?

   A $\frac{30}{36}$ B $\frac{5}{6}$

   C $\frac{1}{6}$ D $\frac{1}{3}$

5. Aus den natürlichen Zahlen von 1 bis einschließlich 100 wird zufällig eine Zahl gezogen.
   Mit welcher Wahrscheinlichkeit ist sie durch 10 oder 11 teilbar?

   A $0,47$ B $\frac{19}{100}$

   C $1,90$ D $0,06$

6. Aus den natürlichen Zahlen von 1 bis einschließlich 100 wird zufällig eine Zahl gezogen.
   Mit welcher Wahrscheinlichkeit ist sie durch 10 und 11 teilbar?

   A $0,08$ B $\frac{0}{100}$

   C $1,00$ D $0,33$

7. In einem Korb mit 30 Eiern liegen 6 angeschlagene Eier.
   Mit welcher Wahrscheinlichkeit entnimmt man dem Korb beim einmaligen Ziehen ein ganzes Ei?

   A $\frac{6}{30}$ B $\frac{1}{5}$

   C $\frac{24}{30}$ D $\frac{4}{5}$

8. Ein Kunde nimmt nacheinander zwei Eier aus dem Korb mit 36 Eiern von denen 6 angeschlagen sind.

   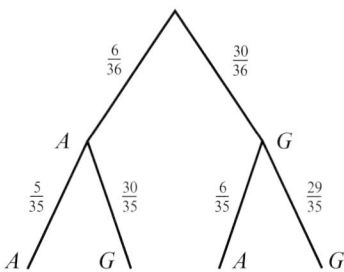

   a) Mit welcher Wahrscheinlichkeit hat er zwei angeschlagene Eier entnommen?

   A $0,33$ B $0,17$
   C $0,02$ D $0,14$

   b) Mit welcher Wahrscheinlichkeit hat er genau ein angeschlagenes Eier entnommen?

   A $0,14$ B $0,17$
   C $0,32$ D $0,29$

9. Eine Gruppe besteht aus 5 Personen. Wie viele Möglichkeiten gibt es, diese an einem Tisch mit 5 Plätzen zu platzieren?

   A 15 B 5
   C 25 D 120

10. Eine Speisekarte verzeichnet 3 Vorspeisen, 8 Hauptgerichte und 5 Desserts. Wie viele verschiedene vollständige Menüs kann man sich zusammenstellen?

   A 16 B 29
   C 120 D 43

---

8 bis 10 Aufgaben sind richtig. Deine Grundfertigkeiten sind gut.
6 bis 7 Aufgaben sind richtig. Deine Grundfertigkeiten sind befriedigend.
Weniger als 6 Aufgaben sind richtig. Deine Grundfertigkeiten sind noch nicht ausreichend.

Literaturhinweis: Mathematik in Übersichten S. 199 ff.

Trainiere an komplexeren Aufgaben

Aufgabe 1

Ein Würfel aus einem beliebigen „Mensch ärgere Dich nicht"-Spiel wird dreimal nacheinander geworfen.

a) Begründe, warum es sich um einen Zufallsversuch handelt.
b) Gib die Ergebnismenge an.
c) Zeichne für diesen Vorgang ein Baumdiagramm mit Wahrscheinlichkeiten für das Werfen einer sechs und für das Werfen keiner sechs an den Pfadstücken.

d) Mit welcher Wahrscheinlichkeit fällt überhaupt keine 6?
e) Mit welcher Wahrscheinlichkeit fällt mindestens eine 6?
f) Mit welcher Wahrscheinlichkeit fällt beim zweiten Wurf eine 6 oder eine 1.

Aufgabe 2

Aus der abgebildeten Urne mit schwarzen und blauen Kugeln werden willkürlich 3 Kugeln nacheinander entnommen.

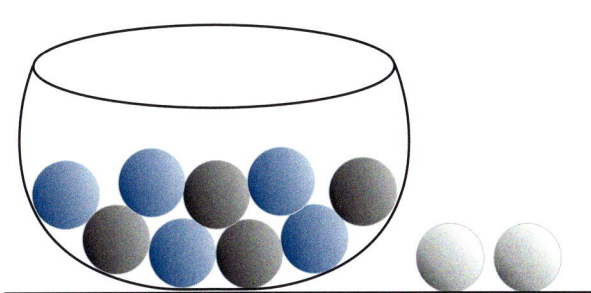

a) Mit welcher Wahrscheinlichkeit sind sie gleichfarbig, wenn jede entnommene Kugel wieder zurückgelegt wird?
b) Mit welcher Wahrscheinlichkeit sind sie gleichfarbig, wenn die jeweils entnommene Kugel nicht zurückgelegt wird?
c) Mit welcher Wahrscheinlichkeit sind darunter zwei gleichfarbige Kugeln, wenn jede entnommene Kugel wieder zurückgelegt wird?
d) In die Urne werden zusätzlich zwei weiße Kugeln gelegt. Mit welcher Wahrscheinlichkeit werden mit einem Griff drei verschiedenfarbige Kugeln genommen.

Aufgabe 3

Ein Laplace-Würfel wird zweimal geworfen.
Berechne jeweils die Wahrscheinlichkeiten für die folgenden Ereignisse.

a) Es wird zweimal eine 6 geworfen.
b) Es werden zwei gleiche Zahlen geworfen.
c) Die geworfene Augensumme beträgt mindestens 10.
d) Die geworfene Augensumme ist eine Primzahl.

e) Die Augenzahl im ersten Wurf ist kleiner als die im zweiten Wurf.
f) Bei jedem der zwei Würfe wird eine andere Augenzahl geworfen.

Aufgabe 4

Die Buchstaben „I", „E", „S" und „N" können beliebig aneinandergereiht werden.
Dabei darf jeder Buchstabe nur einmal benutzt werden.

a) Welche sinnvollen deutschen Wörter (die im Duden zu finden sind) können dabei entstehen?
b) Wie viele sinnvolle Aneinanderreihungen dieser Buchstaben gibt es?
c) Wie viele Möglichkeiten der nicht sinnvollen Aneinanderreihungen dieser Buchstaben gibt es?
d) Berechne die Wahrscheinlichkeit für das Entstehen eines sinnvollen deutschen Wortes.

e) Wie viele Buchstabenfolgen können aus den vier gegebenen Buchstaben gebildet werden, wenn jede dieser Folgen genau vier Buchstaben enthält und jeder Buchstabe bis zu viermal verwendet werden darf?

Aufgabe 5

Bei Multiple-Choice-Aufgaben zum Testen des Grundwissens wurden genau 10 Aufgaben gestellt, wobei pro Frage vier Antwortmöglichkeiten angeboten werden.

a) Wie groß ist die Wahrscheinlichkeit, bei einer Aufgabe die einzige richtige Lösung zufällig anzukreuzen?

b) Wäre jeweils nur eine Antwort richtig. Wie viele Möglichkeiten gäbe es, bei den 10 Aufgaben dementsprechend die Antworten anzukreuzen?

c) Wie groß ist die Wahrscheinlichkeit, zufällig bei allen 10 Aufgaben die richtige Antwort anzukreuzen.

d) Wie viele Möglichkeiten gibt es, alle 10 Aufgaben vollständig zu bearbeiten, wenn berücksichtigt wird, dass jeweils genau zwei Antworten richtig sind?

Aufgabe 6

Beim Stadtfest wurde ein Glücksrad aufgebaut. Der Einsatz für ein Spiel, d. h. drei mal nacheinander Drehen, beträgt 1 €. Die Preise verteilen sich wie folgt: Es gibt 1 € für zweimal blau und 2 € für dreimal blau.

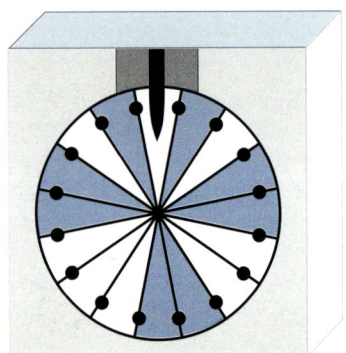

a) Bestimme die Wahrscheinlichkeit für Weiß beim ersten Drehen.

b) Bestimme die Wahrscheinlichkeit in einem Spiel 2 € zu erhalten.

c) Der Gewinn ist die Differenz zwischen Preis und Einsatz. Bestimme den Erwartungswert für den Gewinn. Was gibt diese Zahl inhaltlich an?

d) Wie groß ist auf lange Sicht der Verlust bei diesem Spiel?

e) Wie könnten die Auszahlungsbeträge festgelegt werden, damit das Spiel fair ist?

Aufgabe 7

Bei einer Tombola wirbt der Veranstalter mit den möglichen Gewinnen, dass jedes 10. Los 10 Euro, jedes 15. Los 25 Euro und jedes 20. Los 50 Euro gewinnt.

a) Nenne ein sicheres und ein unmögliches Ereignis bei dieser Tombola.

b) Gib die Gewinnwahrscheinlichkeiten für 50 €, 25 € und 10 € mit einem Los an.

c) Berechne die Wahrscheinlichkeit mindestens 25 Euro mit einem Los zu gewinnen.

c) Wie groß ist die Wahrscheinlichkeit mit einem Los nichts zu gewinnen?

d) Wie groß ist die Wahrscheinlichkeit mit fünf Losen nichts zu gewinnen?

Aufgabe 8

Ein Betrüger hat einen Würfel mit den Augenzahlen von 1 bis 6 „gezinkt", sodass sich nur die Wahrscheinlichkeiten für die Augenzahlen 1 und 6 verändert haben. Die Wahrscheinlichkeit für eine 6 beträgt nun rund 0,13 und die Wahrscheinlichkeit für eine 1 rund 0,20.

a) Gib an, mit welcher Wahrscheinlichkeit jede Augenzahl bei einem Wurf auftritt.

b) Ist es sinnvoll darauf zu wetten, dass spätestens beim sechsten Wurf die Augenzahl 1 geworfen wird? Begründe mithilfe einer Rechnung.

c) Bestimme den Erwartungswert. Was gibt diese Zahl inhaltlich an?

d) Jemand setzt 10 € darauf, dass bis zum dritten Wurf eine 6 fällt. Wie viel sollte man höchstens dagegen setzen, wenn man bei diesem Spiel keine schlechteren Gewinnchancen haben will als der andere?

Mit den Prüfungsaufgaben, die im Internet unter der Adresse: www.cornelsen.de/abschlusspruefung-mathe abrufbar sind, kann anhand realer Prüfungen weiter trainiert werden.
So ist auch zusätzlich eine realitätsnahe mentale Vorbereitung auf die neuartigen Anforderungen dieser Situation möglich.

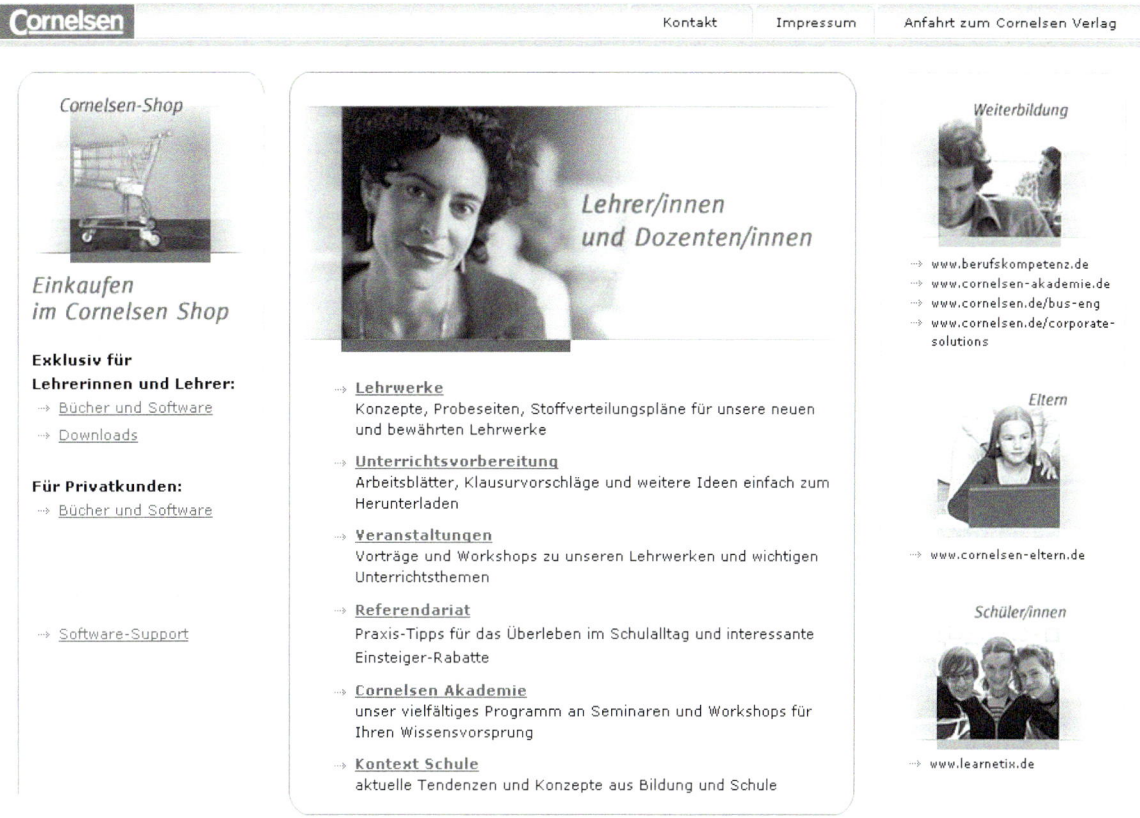

Einige Schülerinnen und Schüler konnten bessere Noten ohne beachtlichen zusätzlichen Aufwand erreichen, weil sie in den entsprechenden Situationen die folgenden Strategien angewendet haben.
Probiere bei der Bearbeitung der Prüfungen aus, ob sie auch für dich geeignet sind.

- Wie verschafft man sich einen Überblick über alle Prüfungsaufgaben?
  Mit welcher Aufgabe sollte man beginnen?

  Lies dir alle Aufgaben erst einmal durch.
  Beginne stets mit den Aufgaben, die du relativ sicher bewältigen kannst.
  Beachte dabei die erreichbaren Punktzahlen.
  Berücksichtige bei der Entscheidung auch deine Notizen im Trainingsplan.

- Welche Wahlaufgabe nimmt man?

  Überlege genau, bei welcher du vermutlich die meisten Punkte erreichen kannst.
  Bearbeite diese Wahlaufgabe in der Prüfung.
  Achte unbedingt darauf, was Wahlaufgaben und was Pflichtaufgaben sind.

- Hilfe ich komme nicht weiter.
  Soll ich eine andere Aufgabe nehmen?

  Wenn du bei einer Aufgabe nicht weiter kommst, dann probiere nicht zu lange daran herum.
  Versuche andere Aufgaben zu lösen. Beschäftige dich erst wieder damit, wenn du die anderen Aufgaben so weit wie möglich gelöst hast.
  Lege ab und zu eine einminütige Pause ein. Gerade bei hoher Anspannung kannst du dich durch eine kurze Pause schnell erholen.

- Verschenke keine Punkte durch formale Mängel.

  Bei wiederholten Formverstößen oder einer unsachgemäßen Verwendung der Fachsprache können Punkte abgezogen werden.
  Verwende bei Konstruktionen linienfreies (weißes) Papier und beim Zeichnen von Graphen Millimeterpapier.

Schwerpunkte	Datum	Was kann ich gut? …
Prozent- und Zinsrechnung		
Terme, Gleichungen und Ungleichungen		
Gleichungssysteme		
Lineare Funktionen und Funktionsbegriff		
Quadratische Gleichungen und quadratische Funktionen		
Potenzen, Wurzeln und Potenzfunktionen		
Berechnungen an Dreiecken und Winkelfunktionen		
Geometrie in der Ebene – Vielfältige Aufgaben		
Geometrie im Raum		
Statistische Daten		
Zufall		
Prüfungen		